预拌混凝土罐车调度问题
建模与优化研究

张国晨　著

中国原子能出版社

图书在版编目(CIP)数据

预拌混凝土罐车调度问题建模与优化研究 / 张国晨
著. -- 北京：中国原子能出版社，2024.9. -- ISBN
978-7-5221-3636-3

Ⅰ. TU528.52

中国国家版本馆 CIP 数据核字第2024D5U739号

预拌混凝土罐车调度问题建模与优化研究

出版发行	中国原子能出版社(北京市海淀区阜成路43号　100048)
责任编辑	白皎玮　陈佳艺
装帧设计	邢　锐
责任印制	赵　明
印　　刷	河北宝昌佳彩印刷有限公司
开　　本	787 mm×1092 mm　1/16
印　　张	8.5
字　　数	150 千字
版　　次	2024 年 9 月第 1 版　2024 年 9 月第 1 次印刷
书　　号	ISBN 978-7-5221-3636-3　　　　**定　价　82.00元**

发行电话：010-68452845　　　　　　　　　　版权所有　翻印必究

前　　言

　　预拌混凝土是一种被广泛应用的建筑材料，具有节约原材料、提高劳动生产率、节约施工用地等优点。现阶段我国的大多数预拌混凝土生产企业仍然使用人工方式安排预拌混凝土生产与调度计划，这种传统调度方式的效果完全依赖调度人员的经验。另外，由于预拌混凝土本身和配送过程的特点，其配送调度是一个非常棘手的问题。因此，开展预拌混凝土罐车调度问题的研究，能帮助混凝土生产企业更合理地安排车辆调度时序，避免时间与经济方面的浪费，同时能更好地协助混凝土施工现场安排浇筑任务。

　　预拌混凝土的调度配送问题属于物流配送领域，但由于包含罐车时序、搅拌站的装载时序、施工现场的时间需求、及时生产、不间断配送等多个子问题，使得预拌混凝土罐车调度问题的研究具有一定的挑战性和通用性。首先，本书在详细研究、分析预拌混凝土罐车调度特点的基础上，从混凝土罐车配送时的旅行时间入手，建立了混凝土罐车调度的时间依赖模型和随机旅行时间的机会规划模型，并提出相应的算法对问题求解优化。其次，分析预拌混凝土调度配送时面临的各种动态性，提出一种混凝土罐车重调度策略，为了能及时响应随机出现的动态因素，进一步提出了一种快速调度算法。再次，研究了与罐车调度问题密切相关的生产需求影响下的罐车车队预防性维修策略。最后，建立了预拌混凝土罐车调度及搅拌站管理的决策支持系统。

　　本书可以帮助混凝土企业更好的制订罐车调度计划及设备维修保养计划，促进预拌混凝土企业的信息化建设。

目　　录

第1章 绪 论

1.1 背景及意义

随着我国经济的快速发展，建筑业对经济增长的推动作用明显增强。建筑业不但对经济增长产生重要影响，而且在一定程度上还影响整个经济社会的就业结构。2023 年，全国建筑业企业完成建筑业总产值 315 911.85 亿元，增长 5.77%；完成竣工产值 137 511.82 亿元，增长 3.77%[1,2]。建筑业在国民经济中的支柱产业地位不断加强。

建筑工地使用的混凝土主要有两种供应方式：现场拌制和专业的生产企业配送商品混凝土。其中商品混凝土又叫预拌混凝土，最早出现在上世纪初，由于其具有节约水泥、提高劳动生产率、节约施工用地等优点，而被广泛应用于建筑业。预拌混凝土（Ready-mixed concrete，RMC）是被广泛应用一种建筑材料，是当今世界用量最大、用途最广泛的建筑材料之一[3]。

现阶段，我国混凝土施工机械的发展，特别是搅拌楼，总体上自行设计的国产设备的性能已能达到国际先进水平。然而，大多数混凝土企业在计算机控制系统的应用和信息化建设方面仍然相对落后，很多的预拌混凝土生产企业仍然使用人工的方式安排预拌混凝土生产与调度，这种传统调度方式的效果完全依赖于调度人员的经验。对于一个预拌混凝土企业来说，尽管原材料成本在总成本中占了很大的比例，但是控制预拌混凝土的配送成本对其利润来说更为重要。另外由于预拌混凝土本身的特点，尤其是它的初凝对时间的限制非常严格，其配送调度是一个非常棘手的问题。目前，在预拌混凝土配送调度方面，业界缺乏一套科学的调度方式，一般都是由调度员根据经验调度。因此，常常造成部分有急需预拌混凝土的施工工地在急切等待混凝土罐车配送预拌混凝土；另一部分施工工地外混凝土罐车排队等待卸料。这种现象不但影响工地施工质量，同时也降低预拌混凝土企业的生产力和资源利用率，造成双方的损失。因此有效、灵活的预拌混凝土调度策略能帮助混凝土生产企业安排合理的车辆调度时序，避免时间与经济方面的浪费，同时能更好地协助混凝土施工现场安排混凝土浇筑任务。

信息化技术的日益普及，使得预拌混凝土企业的信息化建设必将渗透到生产业务管理、设备管理、原材料管理、质量管理、配比库管理、成本核算管理等各个业务环节。因此，切实有效的预拌混凝土企业信息化建设，可以改变商品混凝土企业生产管理方式，提高企业生产效率，节约运营成本，提高企业的市场竞争力。

预拌混凝土罐车调度的特点，以及预拌混凝土生产运输流程[4-9]，决定了预拌混凝土罐车调度问题涉及许多因素，这些因素包含静态因素与动态因素。静态因素是调度过程中不会发生改变的量，例如：施工现场位置、搅拌站生产率等；动态因素是由于环境改变或人为原因造成的调度过程出现动态变化的量，例如：运输过程中路网的状态、客户需求变动、订单的动态变化、天气状态的变化等许多因素。这些复杂因素的结合使得预拌混凝土的调度问题成为一个集生产运输于一体的 NP-hard 问题。对该问题的研究有助于混凝土生产企业及混凝土使用者有效地节约成本，更好地安排工作时序。

因此，首先重点研究预拌混凝土罐车调度的特点，在此基础上建立预拌混凝土罐车调度的时间依赖模型和随机旅行时间的机会规划模型。其次，根据混凝土罐车调度过程中的部分动态因素，提出一种混凝土罐车重调度策略，为了能及时响应随机出现的动态因素，进一步提出了一种快速调度算法。然后，研究了生产需求影响下的混凝土罐车车队的预防性维修策略。最后，建立了预拌混凝土罐车调度及搅拌站管理的决策支持系统。本书的研究，可以帮助混凝土企业更好的安排罐车调度计划，制订设备维修保养计划，促进预拌混凝土企业的信息化建设。

1.2　预拌混凝土罐车调度问题的特点

1.2.1　预拌混凝土的自然属性

（1）预拌混凝土是易失效性产品

混凝土加水搅拌后，其水化作用就已经开始，随着时间的推移，水化作用持续进行，当混凝土开始初凝，水泥浆体内部就形成具有结构强度的结晶结构。开始初凝的混凝土已经失去流动能力，一旦受到外部作用力的振动，就会使已经初步形成的结晶结构被破坏而且不能恢复，导致混凝土强度降低。因此混凝土的浇筑成型必须在混凝土开始初凝前，并且这种特点决定了预拌混凝土的生产是一种及时生产(Just In Time，JIT)方式[3]。

(2)预拌混凝土是由客户定制的产品

建筑公司的土木/建筑工程师，通过对施工工程的结构测算得出所需的混凝土的需求量和强度要求，并就确定搅拌站生产混凝土的方式、产量、生产时间。

(3)配料的可用性

搅拌站通常不会储存所有需要的配料(如颜色添加剂)，但是当客户提出需求时，搅拌站必须确定在什么时间需要哪些配料，并及时安排所需配料。

1.2.2 预拌混凝土的生产

预拌混凝土的生产由搅拌站的设备、客户需求量、客户需求时间来决定，其生产方式就是要在其设备限制下，协调不同需求之间的时序。

(1)搅拌站的处理能力有限

搅拌站的接收订单能力由其产量及可运输量决定。搅拌能力由物料称量时间、物料输送时间、物料搅拌时间，以及装车时间决定。可运输量由预拌混凝土罐车数量、罐车装载量，以及所运输道路的承载最大限制来决定。通常一个搅拌站拥有25~30辆预拌混凝土罐车，会尽可能地让所有的预拌混凝土罐车处于工作状态，以最大化生产，并且还可能雇佣第三方的车辆协助运输。

通常搅拌站的搅拌能力大于其运输能力，并且由于自动化产品的应用，生产搅拌所需时间在整个服务流程中所占比重非常小，相反的预拌混凝土罐车的服务循环时间(包括装载时间、运输时间、卸载时间、清洗时间)远大于搅拌所需时间。例如：假定装载时间需要2分钟，预拌混凝土罐车服务循环时间需要30分钟，那么搅拌站的搅拌能力可由15辆搅拌车的运力满足，如果预拌混凝土罐车循环时间增加到1小时，那么预拌混凝土罐车需增加至30辆才可以满足需求。

搅拌站所拥有的车辆、搅拌设备等投资属于固定投资，而人员(司机、操作员)费用、车辆运行费用、物料费用属于可变费用。优化预拌混凝土生产运输流程所需考虑的主要是可变费用。

（2）需求的变动

预拌混凝土需求的变动包括以年为单位的变动，以月为单位的变动，以天为单位的变动。甚至一个已经确定了的工程所需量仍然是不确定的，这是由于完整的施工条件是无法预见的，施工现场、运输过程、天气等都具有不确定性。而且订单的到来通常都是随机的，所以准确预估一天的产量是非常困难的。

对于搅拌站来说其高效、可信、节省成本的生产所面临的最大的挑战就是如何安排生产时序。订单中包含很多需要明晰的因素，搅拌站及施工单位如何处理这些因素将决定是否能有效节省开支。

（3）浇注尺寸

当浇注尺寸较大时，混凝土应连续浇筑。当必须间歇时，其间歇时间宜缩短（间歇时间超过混凝土的初凝时间，再次浇注混凝土时，先浇混凝土与后浇混凝土之间就形成一个看不见的结合面，这个结合面称为施工缝），并在前一层混凝土凝结前，将后层混凝土浇筑完毕。混凝土运输、浇筑及间歇的全部时间不得超过规范的规定。无间断的连续浇筑需要在浇筑点，当一辆预拌混凝土罐车卸载完成后总有其他的预拌混凝土罐车可卸载。为了实现这种连续浇注，搅拌站及施工现场应该即时通信以满足既不会出现长时间的间歇，也不会出现在施工现场有多辆罐车等待卸载。

（4）预拌混凝土运输周期

混凝土运送时间应合理控制，原则上应尽量缩短运送时间，混凝土卸入罐车后应尽快运送至建筑工地，保证在混凝土初凝前有充足的时间进行浇筑，避免因运送时间延长影响混凝土的浇筑。预拌混凝土规范，要求采用罐车配送混凝土时，运送时间宜在 1.5 小时内。因此一个搅拌站的服务半径受限于混凝土的自然属性与运输路径的特性。

影响混凝土运送时间的主要因素有：混凝土搅拌站与建筑工地的距离、城市道路的交通状况、运输车辆到达建筑工地后等候卸料的时间，另外还有一些偶然因素如道路拥堵、车辆机械故障、中途轮胎损坏、车辆加油等。由于这些不确定因素预拌混凝土罐车的卸载时间通常是未知的。预拌混凝土罐车卸载完成后需清洗搅拌筒内的残留物（硬化后的混凝土会损坏搅拌筒），然后返回至搅拌站等待下一次装载。

（5）施工方的订货以及时间需求

施工方必须准备好接收到来的预拌混凝土，按照施工方的需求及时配送混凝土是非常重要的。如果预拌混凝土罐车到达的时间早于施工方的需求，施工方的人员或设备还没有做好接收准备，预拌混凝土罐车必须在卸载前等待一段时间，甚至会出现由于等待时间过长预拌混凝土罐车中的混凝土超过了初凝时间使得整车混凝土失效造成浪费。如果预拌混凝土罐车的到达时间晚于施工方的需求那么施工方必须在人力物力准备好的情况下花费额外的时间等待预拌混凝土罐车。最坏情况是两辆预拌混凝土车辆卸载时间间隔超过了初凝时间致使产生建筑裂缝。

通常施工方的订单一般会在浇注前两三天送达至搅拌站，搅拌站有足够的时间购买物料、调整产能、安排运输车辆及员工。搅拌站越早收到施工方的需求，越能较好的安排生产、运送，以满足要求。

（6）精确的需求量

精确的需求量是很重要的，如果预定需求量大于施工需求那么对于施工方来说是浪费资金，同时对于搅拌站来说，很可能因为实际上不需要的需求量迫使一些订单取消。通常施工方所提出的需求量都小于实际需求量，这样他们就需要搅拌站安排额外的一次递送来满足整个工程的需要。这不仅增加了搅拌站生产调度的不确定性，并且，如果无法及时安排生产及运输很可能会由于浇筑不连续而产生建筑裂缝。

1.3　预拌混凝土生产运输流程

预拌混凝土的生产运输流程如图 1-1 所示[10]，其生产运输流程可以看两个部分：一是与搅拌站相关的流程，即依据订单安排物料的采购，混合搅拌，车辆装载，离开搅拌站去施工现场；二是与施工现场相关的流程，即进入等待卸载队列、过泵、检测（混凝土运输设备的运输能力，应满足混凝土凝结和浇筑的速度要求，保证浇筑过程连续进行。运输过程中，应确保混凝土不发生离析、漏浆、严重泌水及坍落度损失过多等现象，运至浇筑地点的混凝土应仍保持均匀和规定的坍落度。当运至现场的混凝土发生离析现象时，应在浇筑前对混凝土进行二次搅拌，但不得再次加水），卸载混凝土、清洗罐车、离开施工现场返回搅拌站等待下一次装载任务。由此可见混凝土搅拌站应根据事先已经到来的请求，安排生产计划及运输计划，其中最重要的是搅拌站的混凝土装车时序。

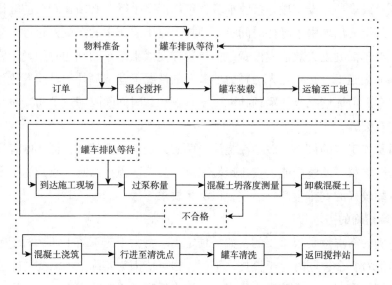

图 1-1 预拌混凝土的生产运输流程图[10]

1.4 研究现状

由于预拌混凝土罐车调度问题包含车辆时序、搅拌站的装载时序、施工现场的时间需求、及时生产等多个子问题，而且混凝土罐车每次只能服务单个客户然后返回搅拌站进行装载再完成下一次任务。因此，混凝土罐车调度问题不同于传统的车辆路由问题(Vehicle Routing Problem，VRP)。但是，预拌混凝土罐车调度问题的研究可以借鉴许多车辆路由问题已有的研究成果。

1.4.1 VRP 研究概述

车辆路径问题最早由 Dantzig 和 Ramser 提出[11]，在应用卡车配送汽油的背景下，作者首次研究了车辆路径的优化问题，并提出了基于线性规划模型求近似最优解的方法。自此以后，学者们对不同背景的车辆路由问题做了大量研究工作，并提出了不同类型的车辆路由问题：根据车辆运行过程中的总重量不能超过该车辆的能力负荷。引出带容量约束的车辆路径问题（Capacitated Vehicle Routing Problem，CVRP）[12,13]；根据服务的优先级别，提出优先约束车辆路径问题（Vehicle Routing Problem with Precedence Constraints，VRPPC）[14]；根据车辆类型不同，提出多车型车辆路径问题（Mixed/Heterogeneous Fleet Vehicle Routing Problem，MFVRP/ HFVRP）[15,16]；根据客户的硬时间窗或软时间窗需求，提出带时间窗的车辆路径问题（Vehicle Routing Problem with Time Windows，VRPTW）[17-21]；根据运输需求是否随机，提出随机需求车辆路径问题（Vehicle Routing Problem with Stochastic Demand，VRPSD）[22,23]；根据客户需求是否有最后时间期限，提出带有最后时间期限的车辆路径问题（Vehicle Routing Problem with Time Deadlines）[24]；根据运输过程中车速是否随时间变化，提出时间依赖型车辆路径问题（Time-Dependent Vehicle Routing Problem，TDVRP）[25,26]。在实际应用中，不同属性分类的车辆路由问题的不同组合形成了多种类型的车辆路由问题。在建立模型时考虑的属性越多，问题就越复杂，求解就越困难。

近年来，不确定性车辆路由问题有了很多的研究成果，不确定性车辆路由问题源于在车辆调度之前对调度相关信息掌握的不充分性，陆琳在其博士论文中把该类问题又称为不确定信息车辆路由问题[27]。根据信息的属性可以将信息分为精确性信息、服从一定概率分布的信息、模糊信息和实时动态信息四种类型，不确定性车辆路由问题对应后三种信息类型，即随机车辆路由问题（Stochastic Vehicle Routing Problem，SVRP）[28-30]、模糊车辆路由问题（Fuzzy Vehicle Routing Problem，FVRP）[31-33]和动态车辆路由问题（Dynamic Vehicle Routing Problem，DVRP）[34-36]。

1.4.2　预拌混凝土罐车调度问题综述

预拌混凝土罐车调度问题主要研究混凝土企业如何根据客户需求将搅拌混合后的商品混凝土装车，并运送至施工现场完成浇筑的一系列相关问题，如图 1-2 所示。最基本的混凝土罐车调度问题可以描述为：一个或多个搅拌站向多个客户配送预拌混凝土，混凝土企业拥有多辆罐车，这些罐车的最大装载量相同或不同，由于每个客户的需求量通常都大于一辆罐车的最大装载量，因此，需安排多辆罐车为客户服务。罐车在施工现场完成卸载后需返回搅拌站

（可以与前一次装载点不同）进行下一次任务。预拌混凝土罐车调度问题的研究，最早由 Tommelein 在 1999 年对预拌混凝土生产，以及递送特点进行的研究[3]，得出预拌混凝土的生产调度属于典型的及时调度（JIT）问题，生产组织方式为满足生产者或消费者目的的不同垂直供应链组织方式。

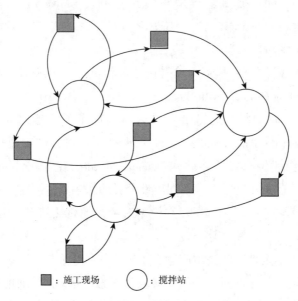

■：施工现场　　○：搅拌站

图 1-2　预拌混凝土罐车调度问题描述图

（1）预拌混凝土罐车调度问题相关的因素

预拌混凝土罐车调度问题涉及许多调度因素，如图 1-3 所示，这些相关因素中有些是进行调度研究时必须考虑的，图 1-3 中的实线框中的因素都属于这一类，有些是为了满足特定的需求提出的，是可变的或可选择的，图 1-3 中的虚线框中的因素都属于这一类别。从这些因素的归属出发，可以将这些调度因素分为四类。

1）搅拌站相关的因素

与搅拌站相关的因素主要有搅拌站的数量、搅拌站的装载率、搅拌站的工作时间等。Feng 等在研究中，分析了预拌混凝土调度过程中的影响因素，建立了基于遗传算法的单搅拌站混凝土罐车调度仿真模型，并应用遗传算法寻找最优的车辆调度时序，其目标为最小化车辆在施工现场的等待时间[37,38]。Lu 结合离散事件仿真技术和遗传算法建立了单搅拌站多施工现场情况下的仿真优化模型[39]。David Naso 基于多搅拌站混凝土罐车调度问题，建立了预拌混凝土调度问题的非线性规划模型，应用两阶段算法进行优化[40]。Schmid 结合多商品网络流及整数规划技术，扩展经典的 VRP 问题，建立了多搅拌站预拌混凝土罐车调度问题的整数多商品网络流模型[41]。Asbach 等应用网络流方法建立了混凝土罐车调度问题的规划模型，并应用邻域搜索技术对问题实例进行优化。研究中考虑了混凝土搅拌站的工作时间约束[42]。

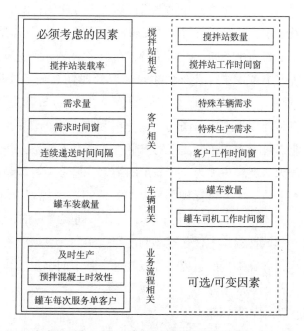

图 1-3　混凝土罐车调度相关因素示意图

2) 客户相关的因素

混凝土罐车调度过程中与客户相关的因素主要有混凝土需求量、需求时间、连续两次递送的间隔、特殊车辆的需求、特殊生产的需求，以及客户工作时间限制。Matsatsinis 对预拌混凝土调度问题建立了一个决策支持系统，考虑了两种情况：一种是正常递送混凝土至施工现场，另一种情况是施工现场需要特殊泵送设备协助卸载混凝土，并且考虑所有为某一订单完成递送任务的车辆必须在同一搅拌站进行装载的单源搅拌站生产问题[43]。Asbach 基于搅拌站工作时间约束和客户工作时间的限制进行研究[42]。Yan 将搅拌站生产时序和车辆调度时序统一在同一个网络流模型中，建立了预拌混凝土调度问题的带边约束的混合整数网络流模型，重点研究了实际工作时间超出客户设定工作时间的问题[44]。

3）车辆相关的因素

混凝土罐车调度问题的研究中，与车辆相关的因素主要有罐车装载量、车辆数、运输时间、车辆工作时间等。Naso考虑相同装载量的、只运输混凝土的罐车的调度，采用了二阶段式的优化算，在第一个阶段，作业及与其相关的装载操作被分配至多个搅拌站，并应用遗传算法进行优化；第二阶段应用启发式方法确定车辆时序，并组成可行的调度策略。研究中时间窗需求及无中断生产方式必须被满足，满足不同的时间窗需求在很多情况下会成为调度过程的瓶颈，因此在其研究中考虑了作业外协生产，以及雇佣车辆来处理这种瓶颈问题[40]。在Yan研究了罐车的装载量相同的情况[44-47]。Lin研究了罐车拥有不同的装载量，将预拌混凝土罐车调度问题建模为带有再循环的车间作业问题，用订单表示作业，每一次递送所使用的车辆表示一个工作站，并将混凝土调度中的限制条件分为两类：一类为必须满足的约束，另一类为需要最大化满足的条件，在此基础上建立了多目标规划模型，并应用数学规划求解器CPLEX对问题实例进行求解[48]。Schmid研究了罐车具有不同装载量的情况，结合使用确定性算法与变邻域搜索技术优化罐车调度问题实例，首先应用变邻域搜索技术产生可行解集，并在随后的过程中加以改进，其中的确定性算法基于一个通用的混合整数线性规划求解器[49]。

4）生产调度流程相关因素

罐车调度问题中与生产调度流程相关的因素主要有及时生产问题、混凝土在罐车中最长保持时间、罐车每次只能服务一个客户等因素。生产调度流程相关因素由混凝土罐车调度问题的特点所决定，因此，这些因素是混凝土罐车调度问题研究中必须考虑的。

大多数混凝土罐车调度问题的研究，都是将罐车调度必须包含的因素结合一种或多种可变因素进行建模及优化研究[50-58]。建立的模型有仿真模型、网络流模型、混合整数规划模型、非线性规划模型、多目标模型等。优化算法主要有启发式算法、邻域搜索算法、智能优化算法等。除此之外，还有一些其他类型的混凝土罐车调度问题研究，Darren应用神经元网络的方法对预拌混凝土浇筑、生产、运输过程建模，得出三层反馈网络能最佳估计混凝土浇筑生产过程，该研究是从总体上估计某一调度的有效性，其重点不在于罐车调度时序[59]。Dunlop 的研究采用了线性回归分析的方法，分析影响混凝土罐车调度及现场浇筑的关键性因素[60]。

（2）预拌混凝土罐车调度问题的动态因素

混凝土罐车调度问题的相关因素中，并非所有的都是静态不变的，有些因素是动态变化的。这些动态因素又可分为两类，一类是客户原因造成的动态性问题，另一类是调度环境造成的动态性问题。

1）客户造成的动态性问题

① 客户不确定什么时间开始施工

有些时候虽然客户确定了递送时间窗，窗口表示为[最早开始时间，最晚开始时间]，然而在实际操作过程中，并未在最早开始时间之前准备好接收预拌混凝土，这就会造成车辆的等待时间增大，甚至会使得某一车的混凝土超过初凝时间而报废。

② 客户的卸载所需时间不准确

卸载所需时间在预拌混凝土的调度问题中是一个很重要的参数，该时间用来确定车辆到达施工现场的时间间隔或到达频率。一些客户无法正确地估计其卸载一车混凝土所需时间，常常会过高估计其卸载能力，指定较短的卸载所需时间，这就将造成车辆在施工现场的等待时间超出调度计划所预计时间，使得整个调度过程出现混乱。

③ 客户很少能确切地知道其所需的混凝土数量

客户越少地估计其所需量，对于已定的调度计划的影响就越大，因为要使得该客户的施工连续不断，就必须安排车辆和搅拌站为其服务，而某些情况下车辆和搅拌站在该时段已经安排为其他客户订单服务。反之，客户越多地估计其所需量，就会造成越多的车辆或搅拌站出现空闲。

在 Durbin 的研究中，重点关注搅拌站的产能、订单超订时的处理方式，同时研究了客户需求动态变化时的情况[61,62]。为了处理客户需求的动态变化，该研究中采用局部时间片策略，也就是将一天内的调度时间分成固定大小的时间片，每一次调度只考虑在该时间片之前已经开始并且未完成的作业和将在该时间片开始的作业。该方法中时间片的大小对调度结果的影响很大，较小的时间片可以得到近似最优解，但是处理起来比较困难，难以优化。如果时间片较大，则相应的每一次问题规模增大，并且对于动态事件的处理会出现延迟的情况，使得调度结果可用度不高。

由客户原因所造成的动态性问题，增加了预拌混凝土企业的配送成本。例如，增加了驾驶员和司机的需求，浪费了本应能服务于其他订单的机会。因此，正确获取调度计划的当前运行状态(哪些车辆在时序安排之内运行，哪些车辆已延时等)将使得快速调整能有效地执行，有效节约企业的运营成本。

2)由环境原因造成的动态性问题

① 运输时间动态性

运输时间是一个很重要的动态因素，天气情况、道路情况、人为因素等环境状态都影响着混凝土罐车的运输时间。贴合实际的混凝土罐车运输时间，可以使得罐车的静态、动态调度计划可用性大大提高，并且使得混凝土企业能更准确地预估订单处理能力。因此，与运输时间相关的混凝土罐车调度研究，对预拌混凝土企业有非常重要的意义。

Naso 研究考虑了不同车辆具有不同速度，运输延迟依赖于运输时间的情况，也就是如果某次作业经计算其运输时间为 T，那么这次作业的运输延迟就是 $T \cdot \Delta$，其中 Δ 为固定的单位时间运输带来的延迟时间间隔，但是这种固定的单位时间运输延迟也无法真实反映路网状态[63]。Yan 将混凝土生产与罐车调度统一在一个模型中，重点关注运输时间随机的情况，将一些可能的运输时间作为弧加入时空网络流模型中，每一次作业的运输因为路网的特性都有多种可能的运输时间。选择不同的运输时间，因其与实际调度过程中的运输时间会有差异，因此用罚函数表示实际运输时间与调度策略所采用的运输时间有差异时的惩罚，建立了该问题的混合整数网络流模型，其优化目标为车辆运营费用、未超时情况下的运营费用、超时情况下的运营费用以及随机运输时间的惩罚。最后应用其所建立的基于仿真的优化方法并结合数学规划求解器 CPLEX 对该问题求解[45]。

② 车辆的故障

如果是空车发生故障将可能产生两种情况，一种是如果故障处理时间可以预知且其在可接受范围内，那么将造成递送延时。另一种是如果故障处理时间不可预知，或可预知但其超出可接受范围，那么将会雇用或使用别的一辆车来进行一次额外服务。如果是满车发生故障那么除了上述两种情况外还将会造成该车装载的混凝土报废的情况。

③ 搅拌站故障

某一搅拌站如果在生产过程中出现故障，那么将会使得整个递送时序中某些递送过程中断，当这种情况发生时，会优先处理已经开始的订单的恢复，使其尽量满足连续浇筑。在 Yan 的研究中，研究了混凝土搅拌站发生故障时的处理方式，搅拌站故障时刻预先已知，表示为调度周期内一段不可用时刻。当某个搅拌站故障时，依据就近原则和费用率最低的原则，将原来由该搅拌站完成的任务临时调整到其他搅拌站完成，直到故障搅拌站恢复运行[46]。

1.4.3　研究课题分析

综上所述，随着各行各业信息化建设的发展，预拌混凝土罐车调度问题的研究对于预拌混凝土企业有着极其重要的意义，并且由于预拌混凝土罐车调度问题的复杂性，以及与 VRP 的相关性，使得该问题具有一定的挑战性和通用性。通过总结当前混凝土罐车调度问题的研究现状，可以得出混凝土罐车调度问题还存在以下问题。

第一，影响预拌混凝土调度问题的各种时间特性研究不足。预拌混凝土调度是多种时间因素相互制约并协同作用的调度问题，包含多个时间窗，以及调度过程中的时间依赖特性、时间不确定性等。研究结合多个时间窗口和时间依赖特性的预拌混凝土罐车调度问题模型及优化方法，可以保证调度时效性及灵活性。

第二，混凝土罐车调度动态性方面的研究匮乏，在实际情况中，预拌混凝土的调度环境中有很多因素是动态变化的，如客户的需求量、运输时间、客户需求时间窗等，这些动态因素使得传统的静态调度方法无法满足实际应用需求。研究如何响应实时到来的动态性因素，可以提高混凝土罐车调度的效率，节省混凝土企业的成本。尤其是实时监控的策略，可以捕捉动态环境因素的变化，基于实时监控的预拌混凝土罐车调度策略能够及时、高效地应对动态变化的环境。

第三，混凝土罐车和搅拌站都是复杂的机械电器设备。混凝土罐车的调度策略与罐车和搅拌站的状态息息相关，不考虑罐车、搅拌站的健康状态，将造成发生故障时大量资源浪费，甚至导致施工无法连续进行，调度失去时效性。因此有必要研究罐车、搅拌站维修维护策略，以及罐车调度与维修相结合的有效解决方案。

1.5　本书主要研究工作

本书主要研究了混凝土罐车调度问题、罐车车队维修保养问题，以及预拌混凝土罐车调度及管理的决策支持系统。具体研究工作如下。

第一，在混凝土罐车调度中，引入运输时间依赖特性。构建了基于网络流模型的预拌混凝土罐车调度模型，设计了启发式算法对时间依赖型混凝土罐车调度问题进行优化求解。

第二，为了使静态调度计划更加符合实际情况，研究运输时间的随机性，建立基于随机运输时间的混凝土罐车调度机会规划模型。根据机会规划模型的特点设计了结合神经元网络、启发式规则的混合遗传算法，对问题实例优化求解，并分析了机会规划模型相关参数对结果的影响。

第三，为了响应混凝土罐车调度过程中出现的动态性因素，研究了客户需求动态变化时混凝土罐车的重调度策略。根据客户动态需求的动态性水平，确定采用哪种重调度方法响应客户动态需求，并设计了一种快速调度算法来满足客户动态需求。

第四，研究了与生产需求密切相关的混凝土罐车车队预防性维修策略。在分析罐车车队系统特点的基础上，结合生产需求提出了基于最佳预防性维修间隔、最大预防性维修可提前期和预防性维修最大可推后期三个阈值的混凝土罐车车队预防性维修策略。

第五，以混凝土罐车调度和设备维护维修为切入点，设计了结合实时监控的混凝土企业决策支持系统。该系统采用基于模型库、数据仓库和地理位置信息库的模式，设计为面向服务的架构，通过企业服务总线将系统功能组件集成起来。

第 2 章　基于时间依赖的混凝土罐车调度建模与优化

混凝土本身的易逝性，决定预拌混凝土罐车调度对及时性的要求高于普通物流企业。但由于道路网络通行容量的限制，以及不断增长的车辆通行需求，使得交通拥堵成为每天都必须面对的问题。交通拥堵会造成运输车辆的延迟，产生额外花费。因此考虑如何避免交通拥堵能够有效地帮助预拌混凝土企业节省开支。

交通拥堵可分为两种类型，一类是可以预测的交通拥堵，例如：在高峰期时段会有大量的通行车辆通过路网；另一类是难以预测的交通拥堵，例如：天气或道路等遇到的突发事件。可预测的高峰时段造成的拥堵在所有拥堵中所占比重很大[64]，可预测的交通拥堵依赖于一天中不同时间以及不同的道路[65]，避免这种类型的交通拥堵主要是使车辆如何避免在错误的时间到达错误的地点。解决的策略一般是改变车辆的访问时序，或将客户作业从一辆车的任务移至另一辆车的任务中。本章结合车辆运输时间的时间依赖特性，研究预拌混凝土罐车调度中如何避免可预测的交通拥堵。

2.1　拥堵速度模型

本章在罐车调度问题中结合考虑时间依赖型车辆路径问题（TDVRP）[66-69]的特性。在实际环境中，道路所处地理位置不同，以及宽度、平整度等道路条件不同，使得不同道路的高峰时间段和高峰时间段内的交通拥堵程度不同。为了表示路网内的每一条道路的分时间段交通拥堵情况，笔者根据道路通行过程中的时间与速度统计数据，将每条道路的分时间段状态表示为离散的多个时间窗口的速度值，每个时间窗数据表示为 [$count$，st，et，p]。其中，$count$ 表示该道路的第几个时间窗，st 表示该时间窗的开始时间，et 表示该时间窗的结束时间，p 为该时间窗内车辆运行速度为缺省速度的百分比。缺省速度的意思是，在没有拥堵的情况下车辆行驶速度，在本章的研究中，假设所有车辆的缺省速度为一个固定值（60 km/h），例如：有一个道路时间窗，其形式为 [3，6:00, 6:40, 0.8]，表示该道路的第 3 个时间窗从早晨 6 点钟开始到早晨 6 点 40 分结束，且在该时间窗内罐车通行速度为 60 km/h×0.8＝48 km/h。

此类模型仍然只是现实情况的近似，但现实情况中，当路网状态发生改变时，首先发生改变的是车辆的运行速度，正是因为速度的改变才造成运输时间的不同，并且，路网的分时段车辆运行速度数据比较容易通过测量获得。

上述道路时间窗的表示方法，是将罐车速度 V_{uvt} 表示为定义在边集 E 和时间段集合 $\{T_1, T_2, \cdots, T_E\}$ 上的阶梯函数。为简便起见，可将 E 划分为 C 个子集（每个子集表示为 E_c，其中 $1 \leqslant c \leqslant C$），也就是说，如果路段 $(u, v) \in E$，那么时间段 T_i 内 (u, v) 上的行驶速度为 $V_{uvt} = V_{cT_i}$。模型中，时间函数 $t_{uv}(t)$ 表示 t 时刻出发，从节点 u 到节点 v 运输所用时间。假设 $t_0 \in T_i = [t_i, \bar{t}_i]$，$(u, v) \in E_c$，并令 V_{cT_i} 表示边子集 E_c 和时间段 T_i 上的车辆运行速度，$d(u, v)$ 表示 u 与 v 之间的距离。车辆运输时间 $t_{uv}(t_0)$ 计算如图 2-1 所示。

```
Init:  t = t₀; d = d (u,v); t_uv(t₀) = 0
Do    { if  (d > V_cTᵢ × (t̄ᵢ - t))
            d -= V_cTᵢ × (tᵢ - t);
            t = t̄ᵢ;
            i = i+1;
         Else
            d = 0;
            t_uv(t₀) + = d / V_cTᵢ;
         EndIf
} While (d > 0)
```

图 2-1　车辆运行时间计算方法

2.2　问题描述及模型表示

本章所建立的模型研究单搅拌站，以及罐车类型和装载量都相同的情况。在本书中，将混凝土生产企业称为"搅拌站"，将客户订单的需求点称为"施工现场"。

本章考虑的是一个静态问题，所有数据在每个工作日调度之前都是已知的。每个工作日是指一个时间间隔 $T=[\tau_1,\ \tau_2]$，问题涉及的时间都应该在该时间之内。只考虑单搅拌站 D，该搅拌站拥有 r 辆相同的混凝土罐车 $K=\{K_1,\ \cdots,\ K_r\}$，每辆罐车的装载量都为 $q(k)$，所有罐车都停靠在搅拌站，并在一天的工作完成后返回搅拌站。有 n 个客户需求混凝土 $C=\{C_1,\ \cdots,\ C_n\}$，每个客户都有一个正的混凝土需求量我 $q(c)\in R^+$，如果调度结果没有完全满足客户 $c\in C$ 的需求，将用惩罚 $\beta_1(c)\in R$ 和 $\beta_2(c)\in R$ 对其修正。β_1 表示客户需求未完全满足时的惩罚，β_2 表示对客户未满足的需求量进行的惩罚，其中 $\beta_1(c)>\beta_2(c)$，其意义是首先要尽量完全满足客户需求，如果无法完全满足那也应该尽量多为客户递送，剩余无法满足的客户需求量可以考虑用别的方式来满足，如外协生产等，本书不做这方面研究。每辆罐车到达施工现场后，需要一个服务时间 $S(c)$ 来完成停靠、卸载、清洗等操作。对客户的每次服务都需要遵循客户指定的硬时间窗 $[a(c),\ b(c)]$，也就是说对于客户 c 每次作业的开始服务时间都必须在时间窗 $[a(c),\ b(c)]$ 之内，同时客户会指定第一次作业的最晚开始时间 $b'(c)$，其意义是指客户的第一次作业其服务开始时间必须在时间窗 $[a(c),\ b'(c)]$ 内。由于预拌混凝土的特殊性，混凝土的浇筑必须连续，因此，对同一个客户，连续两次浇筑的开始时间的间隔要在 $[tl_{\min}(c),\ tl_{\max}(c)]$ 之内，其中 $tl_{\min}(c)$ 是指一次卸载完成后施工现场需要的最小时间，以保证顺利接收下一次作业；$tl_{\max}(c)$ 是指最大时间。假设连续的两次作业的浇筑开始时间分别为 w_i 和 w_{i+1}，则其必须满足 $tl_{\min}(c)\leqslant w_{i+1}-w_i\leqslant tl_{\max}(c)$。

同样，对于搅拌站 D，车辆到达后也需要一个服务时间 $S(D)$ 来进行装载、清洗等操作。并且由于搅拌站的生产率限制，连续两次作业的装载时间间隔需大于最小时间限制 $tl_{\min}(D)$，搅拌站也有一个工作时间限定 $[a(D),\ b(D)]$，所有车辆在搅拌站的操作都应该在该时间窗内。在每个工作日搅拌站使用任意一辆罐车都有固定的车辆使用费用 $\eta(k)\in N$。预拌混凝土产品有易凝固的特性，因此，混凝土在罐车中停留的时间不能超过最长时间界限 $\gamma\in R$，用以保证混凝土施工时的质量。

2.2.1　网络流模型

根据上述问题描述，笔者建立了预拌混凝土调度问题的网络流模型，将问题表示为 $G=\{H,\ E,\ T,\ Z\}$，其中 H 是 G 中的节点集合，E 是 G 的边集，T

是定义在边集上的时间集合，Z 是定义在边集上的费用集合。

对于每一个客户 $C_i \in C$，在 G 中将其表示为 $C_i^G = \{C_{i1}, \cdots, C_{i,n(C_i)}\}$，其中每一个节点 C_{ij} 表示该客户的一次作业，$n(C_i) = \lceil q(C_i)/q(k) \rceil$ 表示该客户需求的总作业数，这里 $\lceil \cdot \rceil$ 表示上取整，不考虑每个客户的最后一次作业递送量常常会小于 $q(k)$ 的情况。对于搅拌站 D，在 G 中将其表示为 $D^G = \{D_1, \cdots, D_{n(D)}\}$，其中 $n(D) = \lceil (b(D)-a(D))/tl_{\min}(D) \rceil$ 表示搅拌站在任意工作日内可装载混凝土罐车的最大次数，也就是说每一个 D_i 表示在搅拌站可能的一次装载。并在 G 中增加开始节点 S 和结束节点 P。综上所述，G 中的节点集合为 $H = C^G \cup D^G \cup S \cup P$，其中 $C^G = \cup_i^n C_i^G$。

G 中边集 E 的形式为 (u, v)，其中 $u, v \in H$。因为考虑的是车辆同构问题，所以不需要考虑不同的车辆通过同一条边的问题，因此该形式完全可以表示有哪条边被使用。在图 2-2 中表示了一个简单可行的调度方案，搅拌站拥有 4 辆罐车，有两个客户需求 C_1 和 C_2，C_1 需要两次递送作业完成（作业：C_{11}、C_{12}），C_2 需要三次递送作业完成（作业：C_{21}、C_{22}、C_{23}）。罐车 1 在搅拌站节点 D_1 装载完成后完成作业 C_{11}，再次回到搅拌站节点 D_6 装载并完成作业 C_{22}，最后返回搅拌站完成该工作日工作，同样罐车 2、罐车 3 完成了相应的客户作业。罐车 4 在本次调度中没有使用，直接从开始点 S 到达结束点 P。为表示简单，图 2-2 中未将所有搅拌站节点给出，只给出被使用的搅拌站节点。

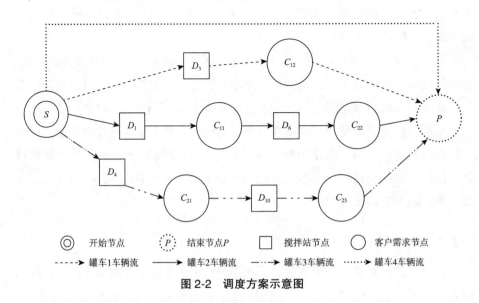

图 2-2　调度方案示意图

G 中的时间函数 T：$(C^G \cup D^G \cup S \cup P) \times (C^G \cup D^G \cup S \cup P)$ 表示通过边 E 时的时间耗费函数，Z：$(C^G \cup D^G \cup S \cup P) \times (C^G \cup D^G \cup S \cup P)$ 表示边 E 上的花费函数。G 不存在自环的情况，有多种类型的边，每种类型边上的时间函数及费用函数定义不同。

$(u,v) \in S \times C^G$ 和 $(u,v) \in C^G \times C^G$，这两种类型的边表示直接从开始节点到达客户节点的边或直接从客户节点到客户节点的边，由于罐车必须在搅拌站装载混凝土后才能为客户服务，并且预拌混凝土调度的特点决定了罐车的一次任务不可能为多个客户服务。因此，这两种类型的边不符合混凝土调度过程应予以删除。

$(u,v) \in D^G \times D^G$ 和 $(u,v) \in D^G \times P$，这两种类型的边分别表示从搅拌站节点到达搅拌站节点的边和从搅拌站节点到达结束节点的边，因为罐车装载混凝土后必须去客户节点为客户服务，不能直接返回搅拌站再次装载或直接完成工作，因此，这两种类型的边也应从 G 中移除。

$(u,v) \in (C^G \cup D^G \cup P) \times S$ 和 $(u,v) \in P \times (C^G \cup D^G \cup S)$，这两种类型的边分别表示所有到达开始节点的边和所有从结束节点出发的边，这些边与混凝土罐车调度实际情况不符，应从 G 中删除。

其余的边类型都是在 G 中应保留且在调度过程中被调度优化的边。$(u,v) \in S \times D^G$，这种边类型表示有某辆罐车开始为客户服务，是该罐车工作日内的第一次任务，表示罐车开始为工作日内的第一次工作装载混凝土。在这种类型的边上，由于罐车的停靠点就在搅拌站，因此没有运输时间耗费，费用函数 $Z = \eta(k)$ 表示使用一辆罐车的固定使用费用。

$(u,v) \in S \times P$，这种边类型是直接从开始节点 S 到达结束节点 P 的边，其表示搅拌站的某些车辆在调度过程中没有使用，如图 2-2 中的车辆流 4 所示。在这种边类型上没有时间耗费，费用函数 $Z = 0$。

$(u,v) \in D^G \times D^G$ 和 $(u,v) \in C^G \times D^G$，这两种类型的边分别表示罐车在搅拌站的一次装载并到达某个客户点为其服务和罐车完成某一客户作业返回搅拌站进行下一次任务。在这两种类型的边上，时间函数 $t = t_{uv}(w_u + S(u))$ 表示为从搅拌站到达施工现场的时间，其中 $w_u + S(u)$ 表示罐车离开节点 u 的时间。费用函数 $Z(u,v) = p_1 \cdot t + p_2 \cdot (w_v - w_u - t - S(u))$，其中 $p_1 \cdot t$ 表示车辆从点 u 到点 v 的运输费用，$p_2 \cdot (w_v - w_u - t - S(u))$ 表示罐车在节点 v 等待的费用，p_1 是单位时间运输费用，p_2 是单位时间等待费用。

$(u, v) \in C^G \times P$，表示罐车完成其最后一次任务并返回至搅拌站停靠，这种边类型上时间函数表示从客户点返回搅拌站罐车行驶时间，费用函数表示其运输费用。

2.2.2 混合整数规划模型

根据上述网络流模型建立混凝土罐车调度问题的混合整数规划模型，模型中的决策变量如下所示。

$$x_{uv} = \begin{cases} 1 & \text{有车辆从节点 } u \text{ 出发到达节点 } v \\ 0 & \text{没有车辆从节点 } u \text{ 出发到达节点 } v \end{cases}$$

$$w_u = \begin{cases} T & \text{罐车到达节点 } u \text{ 的时间，} \forall (u, v) \in E, \ x_{uv} = 1 \\ \varnothing & \forall (u, v) \in E, \ x_{uv} = 0 \end{cases}$$

$$y_c = \begin{cases} 1 & \text{客户 } c \text{ 的所有需求 } q(c) \text{ 全部满足，} \forall c \in C \\ 0 & \text{客户 } c \text{ 的所有需求 } q(c) \text{ 未全部满足} \end{cases}$$

混凝土罐车调度的混合整数规划模型定义在 G 上，为了模型需求再定义以下两个符号，对于 $u \in V$ 的节点定义 $\Delta^+(u)$：$\{v \mid (u, v) \in E\}$ 表示图 G 上节点 u 的后继节点，$\Delta^-(u)$：$\{v \mid (u, v) \in E\}$ 表示 u 的前驱节点。其混合整数规划模型如下所示。

$$\min \left\{ \sum_{(u, v) \in E} x_{uv} \cdot Z(u, v) + \sum_{c \in C} \left[q'(c) \cdot \beta_2 + (1 - y_c) \cdot \beta_1 \right] \right\} \tag{2-1}$$

$$\sum_{v \in \Delta^+(S)} x_{Sv} = K \tag{2-2}$$

$$\sum_{u \in \Delta^-(E)} x_{uE} = K \tag{2-3}$$

$$\sum_{u \in \Delta^-(v)} x_{uv} - \sum_{u \in \Delta^+(v)} x_{vu} = 0 \qquad \forall v \in C^G \cup D^G \tag{2-4}$$

$$\sum_{v \in \Delta^+(u)} x_{uv} \leqslant 1 \qquad \forall u \in C^G \tag{2-5}$$

$$\sum_{v \in \Delta^+(u)} x_{uv} \leqslant 1 \qquad \forall u \in D^G \tag{2-6}$$

$$\sum_{v \in \Delta^+(C_{i, j+1})} x_{C_{i, j+1}v} - \sum_{v \in \Delta^+(C_{i, j})} x_{C_{i, j}v} \leqslant 0 \qquad \begin{array}{l} \forall i \in \{1, \cdots, n\} \\ \forall j \in \{1, \cdots, n(C_i) - 1\} \end{array} \tag{2-7}$$

$$q(C_i) - \sum_{u \in C_i^G} \sum_{v \in \Delta^+(u)} x_{uv} \cdot q(K) = q'(C_i) \qquad \forall i \in (1, \cdots, n) \tag{2-8}$$

$$\sum_{u \in C_i^G} \sum_{v \in \Delta^+(u)} x_{uv} \cdot q(K) \geqslant q(C_i) \cdot y_{C_i} \qquad \forall i \in (1, \cdots, n) \tag{2-9}$$

$$-M \cdot (1 - x_{uv}) + w_u + S(u) + t_{uv}(w_u + S(u)) \leq w_u$$
$$\forall (u, v) \in E \qquad (2\text{-}10)$$

$$M \cdot (1 - x_{uv}) + \gamma + S(u) \geq w_v - w_u \qquad \begin{array}{l} \forall (u, v) \in E \\ u \in D^G, \ v = C^G \end{array} \qquad (2\text{-}11)$$

$$w_u \geq a(u) \qquad \forall u \in C^G \cup D^G \qquad (2\text{-}12)$$

$$w_u \leq b(u) \qquad \forall u \in C^G \cup D^G \qquad (2\text{-}13)$$

$$w_{C_{i,1}} \leq b'(u) \qquad \forall i \in \{1, \cdots, n\} \qquad (2\text{-}14)$$

$$w_{C_{i,j+1}} - w_{C_{i,j}} \geq tl_{\min}(C_i) \qquad \begin{array}{l} \forall i \in \{1, \cdots, n\} \\ \forall j \in \{1, \cdots, n(C_i) - 1\} \end{array}$$
$$(2\text{-}15)$$

$$w_{C_{i,j+1}} - w_{C_{i,j}} \leq tl_{\max}(C_i) \qquad \begin{array}{l} \forall i \in \{1, \cdots, n\} \\ \forall j \in \{1, \cdots, n(C_i) - 1\} \end{array}$$
$$(2\text{-}16)$$

$$w_{D_{i+1}} - w_{D_i} \geq tl_{\min}(D) \qquad \forall j \in \{1, \cdots, n(D) - 1\}$$
$$(2\text{-}17)$$

$$x_{uv} \in \{0, 1\} \qquad \forall (u, v) \in E \qquad (2\text{-}18)$$

$$w_u \in T \qquad \forall u \in C^G \cup D^G \qquad (2\text{-}19)$$

$$y_c \in \{0, 1\} \qquad \forall c \in C \qquad (2\text{-}20)$$

目标函数如式(2-1)所示，其目的是最小化调度过程中车辆的总使用费用，并用 $\beta_1(c)$ 惩罚没有完全满足用户需求的调度策略，用 $\beta_2(c)$ 惩罚未完成的客户需求量的调度策略。式(2-2)~式(2-20)为设定的约束条件。约束(2-2)~和约束(2-3)表示从开始节点发出的车辆数必须等于搅拌站所拥有的车辆数，以及工作日工作结束后，停靠在搅拌站的车辆数也必须等于搅拌站所拥有的车辆数。约束(2-4)表示搅拌站节点或客户节点的出度或入度的平衡，当有车辆到达节点 v 装载或卸载，则该车辆必须离开该节点去服务客户，或返回搅拌站。约束(2-5)表示每个客户作业至多只能被完成一次。约束(2-6)表示每个搅拌站节点只能装载一次，这是由搅拌站不能同时装载两辆罐车决定的。约束(2-7)表示任意客户的第 $j+1$ 次作业只有在 j 次作业完成后才能完成，也就是说同一客户的作业应该顺序的完成。约束(2-8)用来计算客户有多少需求量没有被满足。约束(2-9)表示如果客户的所有需求没有被满足时 y_{C_i} 取值为 1，否则取值为 0。约束(2-10)将变量 x_{uv} 与变量 w_u 通过服务时间 $S(u)$ 与运输时间函数 t_{uv} 联系起来，用一个极大的数 M 来保证到达节点 v 的时间与到达节点 u 的时间符合运输情况。约束(2-11)用来保证混凝土在车辆中停留的时间不会超出混凝土特性所决定的混凝土初凝时间 γ 限制。约束(2-12)和约束(2-13)保证到达节点 u 的时间在其定义的工作时间窗之内。约束(2-14)保证客户第一次作业的开始时间不会晚于客户给定的最晚开始时间。约束(2-15)和约束(2-16)是用来保证连续两次作业到达时间间隔在客户指定的范围内，既要满足连续生产又要使得作业到来间隔一定的时间。约束(2-17)是搅拌站生产率约束，与约束(2-6)一起保证在搅拌站不会同时有两辆罐车被装载。约束(2-18)～约束(2-20)定义了模型中变量的定义域。

2.3　启发式邻域搜索算法

为优化求解上述模型，在本章采用启发式邻域搜索算法[70,71]，该算法是对基本局部搜索算法的智能扩展，如图 2-3 所示。基本局部搜索算法从某初始解出发，利用一些规则指导搜索过程反复对当前解的邻域进行搜索并替换当前解，最终逐步实现向最优解移动。

首先，算法从某个可行解 s^* 开始，固定该可行解中的部分变量，将这些变量视为常量处理。而其余变量作为真正的变量参与重新优化过程。如图 2-3 所示，将某些变量作为固定的常量来处理后的问题称为原问题的子问题，这些子问题的数目将会有很多，例如：如果从 m 个变量中随机取出 n 个作为变量，$m-n$ 个作为常量来处理，那么就会有 C_m^n 个子问题。因此，在决定下一个子问题时需要利用某些启发式规则。

2.3.1　启发式规则

本书采用的启发式规则，首先是固定所有搅拌站节点的相应时间为 $w_{D_1} = a(D)$，$w_{D_2} = a(D) + tl_{\min}(D)$，$\cdots$，$w_{D_i} = a(D) + (n(D) - 1) \cdot tl_{\min}(D)$，这种固定搅拌站节点时间的做法会使得优化空间的范围大幅度缩小，使子问题得以简化。由于其后的搜索方式是遍历客户需求节点的所有开始时间，以及连续浇筑的时间间隔，使得这种固定搅拌站节点时间的方法，对于解的质量的影响很小。

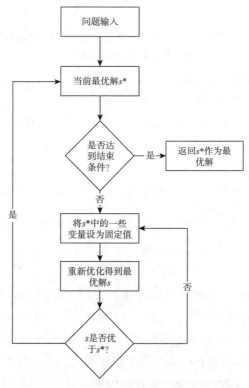

图 2-3　固定某些变量的局部搜索算法

本书中的启发式方法的核心是客户作业的插入，如算法 2-1 所示，对某个输入的优化结果 s^*，如果客户 c 在该结果中没有被调度，指定客户 c 的第一次作业开始时间为 $a(c) \leqslant start\_time \leqslant b'(c)$，以及该客户连续两次作业的时间间隔为 $tl_{\min}(c) \leqslant time\_lag \leqslant tl_{\max}(c)$，将客户 c 插入优化结果 s^* 中。该插入算法的目的是对于固定的客户开始时间以及连续作业递送间隔，寻找是否有车辆能完成该客户的作业。

算法 2-1　单个客户 c 作业的插入算法

步骤 1	设定当前最优解为 s^*
步骤 2	设定客户 c 的作业开始时间为 $start\_time$，两次连续作业的时间间隔为 $time\_lag$，需完成客户作业数 $n'(c) = n(c)$。
步骤 3	设定 $i = n'(c)$。

（续表）

步骤 4	查找可以为客户 c 的第 i 次作业 c_i 服务的搅拌站节点 D_i。如果找不到这样的搅拌站节点，则执行步骤 7。
步骤 5	查找可以完成作业 c_i 的罐车 $k \in K$，并将本次作业 (D_i, c_i) 插入该车辆流。如果找不到可用罐车，则执行步骤 7。
步骤 6	设定 $i = i-1$，重新执行步骤 4 到步骤 6，当 $i = 0$ 时执行步骤 8。
步骤 7	设定 $n'(c) = n'(c)-1$，重新执行步骤 3 到步骤 6。
步骤 8	检查所有车辆流中的搅拌站节点与客户节点对 (D_i, c_i) 是否违反了 γ 约束，如果存在违反该约束的节点对，则返回原优化结果 s^*，否则，返回新的优化结果 s。

在算法 2-1 中，先设定需完成客户作业数为 $n'(c) = n(c)$，然后查询是否有空闲的搅拌站节点 D_i，满足 $w_{D_i} \leqslant start\_time + (n'(c)-1) \cdot time\_lag - s(D) - reverse\_t_{Dc}(start\_time)$。这里，根据给定的客户开始时间以及客户连续作业时间间隔可以得到该客户的最后一次作业开始时间为 $start\_time + (n'(c)-1) \cdot time\_lag$，因为考虑的是车辆运输时间随开始时间变化的时间依赖型问题，车辆在路网中的运行时间需要由客户的作业开始时间倒推得出，在这里 $reverse\_t_{Dc}()$ 就是用来逆向从客户作业开始时间倒推计算出车辆实际在路网中的运行时间的函数。如果能够找到这样的搅拌站节点为客户最后一次作业服务，那么继续寻找能够为客户的倒数第二次作业服务的搅拌站节点，然后继续一直到所有的客户作业 $n'(c)$ 都能找到相应的搅拌站节点为其服务，或者，在查找到某一客户节点 $c_i \in \{c_1, \cdots, c_i, \cdots, c_{n'(c)}\}$ 时，无法找到可以提供服务的搅拌站节点，这时将 $n'(c)$ 减 1 并重新开始这一查找过程。

在算法 2-1 的步骤 5 中查找车辆的过程是，首先查找到能够完成本次作业的所有车辆，计算这些车辆的车辆流适应值，选择拥有最低适应值的车辆作为本次作业 c_i 所用车辆。例如某辆可使用车辆在插入作业 c_i 前的车辆流为 $[S, D_{u_1}, C_{v_1}, \cdots, D_{u_m}, C_{v_m}, D_{u_{m+1}}, C_{v_{m+1}}, \cdots, P]$，插入后其车辆流为 $[S, D_{u_1}, C_{v_1}, \cdots, D_{u_m}, C_{v_m}, D_i, c_i, D_{u_{m+1}}, C_{v_{m+1}}, \cdots, P]$，则适应值是对以下 a、b、c 三个值的相加。

a. 如果某辆车没有使用则其适应值为一个很大的数 M。

b. 新增加的运行时间花费 $t_{Dc}(w_{D_{ui}} + s(D)) + t_{cD}(w_{c_i} + s(c))$。

c. 插入后该车的车辆流时间变化 $w_{D_i} - w_{C_{v_l}} + w_{D_{u_{l+1}}} - w_{c_i}$。

也就是使用车辆的原则是优先使用已经使用过的车辆，优先使用插入后调度更加紧密的车辆，以提高车辆使用效率为前提。

算法 2-1 的步骤 3 到步骤 7 是一个循环，该循环的作用是如果无法找到罐车为该客户的所有 $n(c)$ 次作业服务，那么重新执行循环查找是否可以完成客户的 $n(c)-1$ 次作业。在算法中作业插入车辆流中的顺序是，从客户 c 的第 $n'(c)$ 次作业开始顺序查找是否可以插入所有 $n'(c)-1$，$n'(c)-2$，$\cdots$，1 次作业，这样做的目的是满足连续浇筑的需求。执行步骤 5 时，对客户作业查找是否有某个罐车的车辆流中可以插入搅拌站节点与客户节点对 (D_i, c_i) 来完成本次作业，其中 D_i 表示在上一步查找到的可以为客户作业 c_i 服务的搅拌站节点。如果找不到可以服务的罐车，也就表示无法完成本客户所有作业。否则，在该车辆的车辆流中插入 (D_i, c_i)，很明显，在该车辆流中可以插入该节点对的位置是唯一的。

在完成了某个客户作业的插入后会调用一个过程检查所有车辆流中的搅拌站与客户节点对 (D_{u_i}, C_{v_i}) 是否违反了 γ 约束，该约束用来保证混凝土在罐车中的保存时间不会超出混凝土的初凝时间间隔 γ，如果存在违反该约束的节点对，则返回原优化结果 s^*，表示本次插入无法找到可行解来完成该客户的作业。否则，返回本次的优化结果 s。

2.3.2　插入多个客户的邻域搜索算法

算法 2-1 仅将一个客户的作业插入调度优化结果中，并且只考虑固定的开始时间和固定的递送时间间隔。当多个客户插入优化结果时，其插入顺序的不同会影响优化结果，此外，不同的第一次作业开始时间、不同的连续递送时间间隔的也会对优化结果产生影响。因此，笔者设置了一个子算法，在该算法中多次调用算法 2-1，使得多个客户按照不同的排列方式，依次插入优化结果中，如果结果优于原结果则保存，否则返回原结果，如算法 2-2 所示。

算法 2-2　多个客户插入的邻域搜索算法

步骤 1	设定当前最优解 $s=s^*$，$s'=s$，设定同时插入客户数 r。
步骤 2	从客户集合 C 中选择由 r 个客户组成的集合 C'。
步骤 3	对集合 C' 中的所有客户进行一次排序，排序结果为 P'。设定 $i=1$。
步骤 4	从 s 中删除所有 C' 的相关作业。

(续表)

步骤5	调用算法 2-1，将 P' 中的第 i 个客户插入到 s 中。
步骤6	比较 s，与 s' 的结果，保存更优的结果。$s = better(s, s')$，$s' = s$。
步骤7	$i = i+1$，重复执行步骤5和步骤6。
步骤8	重复执行步骤3到步骤7，在执行步骤4的排序时已经操作过的排序将被删除，也就是要遍历 C' 的所有排序。
步骤9	重复执行步骤2到步骤8，在步骤2中会选择还没有执行过的由 r 个客户组成的集合。
步骤10	返回优化结果 $better(s, s^*)$。

在算法 2-2 中，首先输入当前的优化结果 s^* 及参数 $r(r \leq n)$，该参数表示要从结果 s^* 中删除相应的 r 个客户的作业，并对这 r 个客户按照不同的排列方式依次插入优化结果中，以寻找目标值更优的结果。该子算法的步骤2，作用是遍历客户集合 C 中包含 r 个客户的所有子集 $C' \in C$。算法对每一个客户子集 C' 的每一种不同排列方式 P' 做如下操作，首先从优化结果中删除与排列 P' 相关客户的所有作业，然后按照该排列的顺序调用算法 2-1，依次插入 C' 中 r 个客户的相关作业。在执行客户作业插入时，要遍历插入客户的所有可能开始时间 $start\_time$，以及所有可能的连续递送时间间隔 $time\_lag$，并在每一步都保存较优的结果，使其参与后续的优化过程。也就是在执行步骤5时要遍历所有可能的开始时间与递送时间间隔的组合，由此使得优化结果中车辆可以最大限度地避开拥堵时段。但是这种遍历所有时间组合的计算方式需要很长时间，因此，在算法执行过程中可以对连续作业时间间隔循环指定固定的步长，该步长的设定需根据客户与搅拌站相关道路上的拥堵时间窗口大小来确定。

2.3.3　启发式邻域搜索算法主结构

启发式邻域搜索算法的主结构如算法 2-3 所示，算法首先根据给定的实例，产生一个空的调度策略，该策略中没有任何客户作业被调度，只产生 K 个（这里 K 表示搅拌站所拥有的车辆数）从开始节点 S 到结束节点 P 的空车辆流，以及根据启发式规则，固定时间后的搅拌站节点数据。然后该算法根据不同的参数 r，迭代调用子算法 2-2，直到找到局部最优结果或运行时间超过设定限制。该算法的执行时间很明显是与调用子算法 2-2 相关的，也就是与参数 r 是指数相关的，因此在算法中参数 r 最大选取为3用以得到局部最优结果。

算法 2-3　启发式邻域搜索算法主结构

步骤 1	生成空调度策略 s^*。
步骤 2	将 C 中所有客户按照需求作业数的大小排序。
步骤 3	将 s^* 作为输入，设定参数 $r=1$，根据步骤 2 的排序调用算法 2-2，得到优化结果 s。$s^*=s$。
步骤 4	将 s 作为输入，设定参数 $r=2$，调用算法 2-2，得到优化结果 s'。
步骤 5	如果 $better(s', s^*)$ 的值为 s' 则继续执行步骤 5，否则执行步骤 6。
步骤 6	将 s' 作为输入，设定参数 $r=3$，调用算法 2-2，得到优化结果 s。
步骤 7	如果已经到达结束条件返回结果 s，否则重复执行步骤 4 到步骤 7。

2.4　算例与分析

2.4.1　输入数据

　　本章所使用的测试数据为某搅拌站一周的工作数据，包含星期一到星期五共 5 天的数据，见表 2-1。表中共有 5 个测试数据实例 1 到实例 5，每个客户数据包含客户号，客户的需求量，施工现场与搅拌站的距离，客户作业最早开始时间 $a(c)$，客户工作最晚时间 $b(c)$，客户第一次作业的最晚开始时间 $b'(c)$，客户连续两次递送的最小时间间隔 $tl_{min}(c)$，客户连续两次递送的最大时间间隔 $tl_{max}(c)$ 以及罐车在客户节点的服务所需时间 $s(c)$。表 2-1 中也给出了搅拌站拥有车辆数 K，连续装载两次罐车的最小时间间隔 $tl_{min}(D)$，每辆车的装载量 $q(k)$，以及车辆在搅拌站所需服务时间 $s(D)$。

　　本章研究的是基于时间依赖性研究混凝土罐车调度问题，因此，还必须给出客户与搅拌站通行道路上相关时间窗与速度的统计数据。这里给出的道路时间窗速度数据仅是在该通行道路时间窗上的平均统计数据，简单地处理为阶梯函数，但是根据微积分的知识，只要时间段的划分足够精细，则阶梯函数可以无限趋近于任何形式的初等函数。在这里没有将所有客户的道路通行时间窗速度数据一一列出，只给出实例 1 中相关客户的道路时间窗速度数据，见表 2-2。

表 2-1 客户需求数据

	客户	需求量/m³	距离搅拌站/km	$a(c)$	$b(c)$	$b'(c)$	$tl_{\min}(c)/$ min	$tl_{\max}(c)/$ min	$s(c)/$ min
实例 1	1	90	22	8:00	16:00	8:10	5	10	9
	2	30	13	7:00	16:00	7:30	3	9	5
	3	38	9	7:30	15:00	7:40	6	13	12
	4	66	23	8:00	17:00	8:20	4	8	10
	5	72	31	8:30	17:00	8:45	3	10	7
实例 2	1	66	32	9:00	17:00	9:20	4	9	8
	2	36	8	8:30	16:00	8:50	6	12	10
	3	43	9	7:30	15:00	7:40	5	10	16
	4	52	16	8:00	17:00	8:10	3	8	9
	5	36	15	8:00	17:00	8:20	4	10	7
	6	26	13	9:00	16:00	9:15	5	9	9
实例 3	1	102	13	7:30	17:00	7:50	3	7	7
	2	16	26	8:30	16:00	8:40	0	9	8
	3	32	11	9:30	15:00	9:45	6	13	9
	4	96	23	8:00	17:00	8:10	3	9	16
	5	22	9	8:20	17:00	8:30	4	11	10
实例 4	1	32	16	10:00	17:00	10:20	0	5	13
	2	38	18	9:30	16:00	9:50	6	10	11
	3	66	22	7:50	15:00	8:00	4	9	15
	4	23	9	8:20	17:00	8:40	0	6	8
	5	17	26	8:30	17:00	8:40	5	12	9
	6	29	15	7:30	16:00	7:45	3	10	13
	7	46	11	9:00	18:00	9:20	3	8	9
实例 5	1	88	18	7:30	16:00	7:40	2	10	9
	2	21	23	9:30	12:00	9:50	0	5	8
	3	36	19	7:30	15:00	7:50	3	11	16
	4	54	26	9:00	17:00	9:10	4	8	10
	5	9	8	8:30	17:00	8:50	2	9	13
	6	69	17	7:40	16:00	8:00	0	13	18

注：$K=30$，$tl_{\min}(D)=4$ min，$q(k)=6$ m³，$s(D)=7$ min

表 2-2　实例 1 中相关客户的道路时间窗的速度数据

客户	道路时间窗及其上的速度百分比
1	[1, 0:00, 5:30, 1]；[2, 5:30, 6:00, 0.9]；[3, 6:00, 6:40, 0.8]；[4, 6:40, 7:00, 0.7]；[5, 7:00, 7:20, 0.5]；[6, 7:20, 8:00, 0.4]；[7, 8:00, 8:30, 0.5]；[8, 8:30, 9:10, 0.6]；[9, 9:10, 10:20, 0.7]；[10, 10:20, 11:20, 0.8]；[11, 11:20, 11:40, 0.6]；[12, 11:40, 12:30, 0.4]；[13, 12:30, 13:30, 0.7]；[14, 13:30, 14:00, 0.6]；[15, 14:00, 14:40, 0.7]；[16, 14:40, 16:50, 0.8]；[17, 16:50, 17:40, 0.7]；[18, 17:40, 18:30, 0.6]；[19, 18:30, 19:20, 0.4]；[20, 19:20, 20:30, 0.6]；[21, 20:30, 21:40, 0.8]；[22, 21:40, 24:00, 1]
2	[1, 0:00, 4:30, 1]；[2, 4:30, 5:00, 0.9]；[3, 5:00, 5:30, 0.8]；[4, 5:30, 6:10, 0.7]；[5, 6:10, 6:40, 0.6]；[6, 6:40, 8:00, 0.7]；[7, 8:00, 8:40, 0.6]；[8, 8:40, 9:30, 0.7]；[9, 9:30, 16:00, 0.8]；[10, 16:00, 19:40, 0.7]；[11, 19:40, 22:00, 0.6]；[12, 22:00, 24:00, 1]
3	[1, 0:00, 6:00, 1]；[2, 6:00, 6:30, 0.9]；[3, 6:30, 6:50, 0.8]；[4, 6:50, 7:20, 0.6]；[5, 7:20, 8:00, 0.5]；[6, 8:00, 8:30, 0.6]；[7, 8:30, 8:50, 0.7]；[8, 8:50, 11:10, 0.8]；[9, 11:10, 11:30, 0.6]；[10, 11:30, 12:20, 0.5]；[11, 12:20, 13:10, 0.6]；[12, 13:10, 13:40, 0.8]；[13, 13:40, 14:30, 0.6]；[14, 14:30, 15:00, 0.7]；[15, 15:00, 17:00, 0.8]；[16, 17:00, 17:30, 0.7]；[17, 17:30, 18:20, 0.6]；[18, 18:20, 19:40, 0.5]；[19, 19:40, 20:30, 0.7]；[20, 20:30, 24:00, 1]
4	[1, 0:00, 5:30, 1]；[2, 5:30, 6:00, 0.9]；[3, 6:00, 6:30, 0.7]；[4, 6:30, 7:00, 0.6]；[5, 7:00, 7:20, 0.4]；[6, 7:20, 7:40, 0.3]；[7, 7:40, 8:10, 0.4]；[8, 8:10, 8:50, 0.6]；[9, 8:50, 10:10, 0.7]；[10, 10:10, 11:20, 0.8]；[11, 11:20, 11:30, 0.6]；[12, 11:30, 12:00, 0.4]；[13, 12:00, 13:30, 0.5]；[14, 13:30, 14:00, 0.4]；[15, 14:00, 14:40, 0.6]；[16, 14:40, 16:50, 0.7]；[17, 16:50, 17:30, 0.6]；[18, 17:30, 18:30, 0.5]；[19, 18:30, 19:10, 0.4]；[20, 19:20, 20:30, 0.5]；[21, 20:30, 21:40, 0.7]；[22, 21:40, 24:00, 0.9]
5	[1, 0:00, 7:30, 1]；[2, 7:30, 20:00, 0.8]；[3, 20:00, 24:00, 1]

2.4.2　结果及分析

应用上面给出的 5 个实例对算法进行测试，测试结果见表 2-3，表 2-3 给出了客户数（CM）、总需求量（TD）、客户需求作业数（TJ）、取消的客户作业数（CJ）、未使用的车辆数（UV）、总的递送时间（TDT）、每次递送平均等待时间（AWT），以及执行所用时间（RT）。

表 2-3 算法测试结果

实例	CM	TD	TJ	CJ	UV	TDT/min	AWT/min	RT/s
1	5	296	50	0	0	1 551.11	18.26	5 368
2	6	259	45	0	2	1 155.34	13.31	4 683
3	5	268	46	0	3	1 308.37	10.22	4 532
4	7	251	43	0	8	1 109.49	6.03	3 896
5	6	277	48	1	0	1 493.14	16.54	5 526

本章主要考虑的是在预拌混凝土调度的过程中如何避免拥堵，因此需要对罐车避免拥堵的能力进行测试。为了测试应用本章方法车辆避免拥堵的能力，需要将每个道路时间窗速度数据转化为平均速度数据。在平均化过程中，如果将道路的所有时间窗上的速度全部平均，那么其平均速度必定会大于实际运输速度，因为道路时间窗包含许多速度较高，且调度过程中不会使用的时间窗数据，例如，表 2-2 中的客户 1 道路时间窗包含 $[1, 0:00, 5:30, 1]$；$[21, 20:30, 21:40, 0.8]$；$[22, 21:40, 24:00, 1]$ 等多个在调度过程中未使用的速度较高的时间窗，并且这些时间窗的时间范围较大。因此，在平均化时，必须结合客户订单需求，才能真实反映此策略对于避免拥堵是否有效。采用如下的方法来对道路时间窗速度数据平均化，得到客户车辆运输平均速度。

首先计算为某客户服务时可能的服务时间区域，其表示为 $[MST, MET]$，可能开始时间 MST 等于 $a(c) - d/60$ km/h，其中 d 表示搅拌站到客户节点的距离。可能结束时间 MET 等于 $b(c) + tl_{max}(c) \cdot q(c)/q(k) + s(c) + d/6$ km/h。因为交通拥堵该服务时间区间与实际的服务时间区间会有差异。为此，得到可能服务时间区域后，判断其可能开始时间与可能结束时间所处的道路时间窗口位置，然后将该窗口位置分别向外延伸 1 个窗口，得到新的可能服务时间区域，再对该时间区域内的速度百分比数据平均化。例如，实例 1 中的客户 1，首先，第一次计算得到其可能服务时间区域为 $[7:38, 11:11]$，然后，判断该时间区域所在时间窗口为 $[6, 10]$，表示该时间区域跨越了第 6 个道路时间窗口到第 10 个道路时间窗口。最后，得到需平均化的道路时间窗口为 $[5, 11]$。对第 5 到第 11 个道路时间窗口内的速度百分比数据进行平均化，得到客户 1 所处道路的罐车平均速度为 0.621×60 km/h $= 37.26$ km/h。在得到该平均速度后，将模型中的时间依赖因素取消，在运输速度固定的情况下重新进行优化，其优化结果见表2-4。

表2-4　运输时间固定情况下的优化结果

实例	CM	TD	TJ	CJ	UV	TDT/min	AWT/min	RT/s
1	5	296	50	0	0	1 612.36	20.31	5 102
2	6	259	45	0	1	1 299.61	23.21	4 560
3	5	268	46	0	1	1 463.21	16.86	4 237
4	7	251	43	0	4	1 411.73	9.13	3 928
5	6	277	48	2	0	1 586.67	17.82	5 368

通过对比表2-3与表2-4的优化结果，可以看到不论是取消的订单数，还是未使用的车辆数，以及总的递送时间和平均等待时间，此算法的优化结果都要优于运输速度固定的情况。虽然在考虑了道路时间窗后，因需要遍历道路时间窗，优化所用时间大于不考虑拥堵问题的情况，但其多用的优化总时间为810秒，平均到每次优化过程为162秒，在可接受范围之内可以不做考虑。总体来看我们的策略能够有效使混凝土的运输避开拥堵路段。表2-5对节省的运输时间进行了统计，表2-6对节省的平均等待时间进行统计，其中的百分比都是相对于速度固定时的百分比。

表2-5　算法节省的运输时间

实例	速度固定 TDT/min	时间依赖 TDT/min	节省的时间/min	百分比
1	1 612.36	1 551.11	61.25	3.8%
2	1 299.61	1 155.34	144.27	11.1%
3	1 463.21	1 308.37	154.84	10.6%
4	1 282.47	1 109.49	172.24	13.5%
5	1 586.67	1 493.14	93.53	5.8%
总计	7 244.32	6 617.45	626.87	8.6%

表2-6　节省的平均车辆等待时间

实例	速度固定 AWT/min	时间依赖 AWT/min	节省的时间/min	百分比
1	20.31	18.26	2.04	10.1%
2	16.29	13.31	2.98	18.3%

（续表）

实例	速度固定 AWT/min	时间依赖 AWT/min	节省的时间/min	百分比
3	13.86	10.22	3.64	26.3%
4	8.27	6.03	2.24	27.1%
5	17.82	16.54	1.28	7.2%
总计	76.55	64.36	12.19	15.9%

从以上结果可以看到，本章提出的考虑时间依赖的混凝土调度策略，能够有效地使罐车避免可预测的交通拥堵。由于车辆在可能的情况下避开了交通拥堵时段，有效地缩短了车辆在客户节点的等待时间，提高了车辆循环效率，并减少了车辆使用数，可以为更多的客户作业服务。因此，搅拌站可以接收更多的客户订单，该策略既节省了运输成本，又增加了搅拌站的收入。

2.5　本章小结

本章的主要目的是研究在静态条件下，如何安排混凝土罐车的时序为客户服务，并能有效避开交通拥堵时段。首先，分析了预拌混凝土罐车调度问题的特点以及交通拥堵对于预拌混凝土罐车调度的影响。随后，建立了包含时间依赖的单个搅拌站混凝土调度问题的混合整数规划模型，应用启发式的邻域搜索算法对该问题的实例进行优化。通过对结果的分析可以看到，此方法可以有效提高混凝土罐车的使用效率，节省运输成本，使得条件不变的情况下，可以为更多的客户作业服务。也就是说，采用策略及算法能有效解决混凝土罐车避开可预测交通拥堵的问题。

本章提出的时间依赖性问题，以及所采用的交通拥堵速度模型，在TDVRP领域是被经常使用的一种方法，将该方法应用于比较特殊的预拌混凝土调度问题的研究中。因为混凝土的自然属性和搅拌站连续浇筑等要求，使得预拌混凝土调度问题的时效性尤为重要，也就是说时间依赖特性的研究对于预拌混凝土调度问题来说是非常有必要的。本章所考虑的问题是静态问题，所有的需求数据在计算之前都是已知的，假设在一天的工作日内不会出现订单需求的变化，需求时间的变化。事实上，这与实际情况是有出入的，在一天的工作日内订单需求量、需求时间、搅拌站状态等许多因素都是随着时间变化的。因此本章的方法可用于在一天工作日开始之前产生基准调度方案。该基准调度方案可被用来帮助搅拌站工作人员或决策支持系统制订实际工作计划。

第3章　随机运输时间的混凝土罐车调度优化

在混凝土罐车调度的研究中，多数研究都将罐车速度设为是恒定的[37,44]，运输时间只与搅拌站与施工现场间的距离有关。Naso 研究不同车辆具有不同速度，运输延迟依赖于运输时间的情况。其基本思想是，如果某次作业的无延迟(速度固定时)运输时间为 T，那么这次作业的运输延迟就是 $T \cdot \Delta$，其中 Δ 为单位运输时间造成的延迟，是一个固定值。该研究中运输延迟与车辆调度中运输时间的缓冲时间窗基本一致，没有考虑随机因素[63]。Yan 用离散化方法研究了罐车运输时间随机的情况，首先将随机运输时间离散化，也就是将可能的运输时间作为弧加入时空网络流模型中，并在目标中惩罚实际运输时间与调度策略所采用的运输时间之间的差异，建立了该问题混合整数网络流模型，最后应用数学规划求解器 CPLEX 对问题实例求解。该研究考虑了运输时间随机的情况，但只是将运输时间离散化为可能的几种情况，最终建立的仍是确定性模型[45]。

预拌混凝土罐车调度问题是一类特殊的 VRP 车辆调度问题，现有车辆调度问题的研究中，车辆运输时间模型通常有三类，第一类是将车辆运输时间考虑为固定值，第二类是将车辆运输时间建立为时间依赖模型，车辆的运输时间与出发时间相关，第三类是将车辆的运输时间建立为随机模型。

本章中，将车辆运输时间建立为更加符合实际情况的随机时间依赖模型。车辆的运输时间由出发时间及统计的道路拥堵情况决定。在此基础上建立混凝土车辆调度的机会约束规划模型，模型中机会约束的置信度在调度计划生成之前根据预测到的次日天气状况、道路状况等因素决定。如果天气或道路情况差可以适当提高置信度，否则相应的降低置信度。

3.1　问题描述及模型表示

本章在结合时间依赖问题的基础上，研究混凝土罐车的运输时间为随机变量的情形。因为交通情况、道路条件等存在不可预测性，因此，罐车从搅拌站出发到达施工现场的运输时间为随机变量，这种随机性依赖于罐车出发时间，具有一定的统计规律性。这里，我们根据交通统计数据将与任意道路相关的时间分片为 $[t_1, t_1']$，$[t_2, t_2']$，$\cdots$，$[t_i, t_i']$，$\cdots$，$[t_n, t_n']$。运输时间由两部分组成：第一部分为没有拥堵的情况下的运输时间 $t_f = d/V_{\text{ini}}$，其中 d 表示搅拌站到客户节点的距离，V_{ini} 表示车辆在无拥堵情况下的运输速度，该速度值是固定的，因此这一部分的运输时间只与运输距离相关。第二部分是由于拥堵所造成的额外运输时间，依赖于出发时间所在的时间片而服从的不同负指数分布。对于任意罐车，若运输开始时间为 $(w_u + S(u)) \in [t_i, t_i']$，该车辆由于拥堵所需的额外运输时间服从相应的负指数分布 $t_{uv}(w_u + S(u)) \sim E(\lambda_i)$。所以罐车在时间片 i 内出发的运输时间为 $T(w_u) = t_f + t_{uv}(w_u + S(u))$。

根据罐车运输时间的随机特性建立罐车调度的机会规划模型，模型基础仍然是第 2 章所述的网络流模型，根据网络流模型建立机会规划模型。模型的决策变量仍然是 x_{uv}，w_u，y_c。

为了模型表示方便，设定函数 $g(x_{uv}, w_u, w_v, T(w_u))$ 如式(3-1)。

$$g[x_{uv}, w_u, w_v, T(w_u)] = -M \cdot (1 - x_{uv}) + w_u + S(u) + T(w_u) - w_v \tag{3-1}$$

罐车运输速度随机的预拌混凝土罐车调度机会规划模型如下所示。

$$\min\left\{\sum_{(u, v) \in E} x_{uv} \cdot Z(w_u, w_v, \bar{T}(w_u)) + \sum_{c \in C}[q'(c) \cdot \beta_2 + (1 - y_c) \cdot \beta_1]\right\} \tag{3-2}$$

$$Pr(T(w_u) \leqslant \bar{T}(w_u)) \geqslant \alpha \tag{3-3}$$

$$\sum_{v \in \Delta^+(S)} x_{Sv} = K \tag{3-4}$$

$$\sum_{u \in \Delta^-(E)} x_{uE} = K \tag{3-5}$$

$$\sum_{u \in \Delta^-(v)} x_{uv} - \sum_{u \in \Delta^+(v)} x_{vu} = 0 \qquad \forall v \in C^G \cup D^G \tag{3-6}$$

$$\sum_{v \in \Delta^+(u)} x_{uv} \leq 1 \qquad \forall u \in C^G \qquad (3\text{-}7)$$

$$\sum_{v \in \Delta^+(u)} x_{uv} \leq 1 \qquad \forall u \in D^G \qquad (3\text{-}8)$$

$$\sum_{v \in \Delta^+(C_{i,\,j+1})} x_{C_{i,\,j+1}v} - \sum_{v \in \Delta^+(C_{i,\,j})} x_{C_{i,\,j}v} \leq 0 \qquad \begin{array}{l} \forall i \in \{1, \cdots, n\} \\ \forall j \in \{1, \cdots, n(C_i) - 1\} \end{array} \qquad (3\text{-}9)$$

$$q(C_i) - \sum_{u \in C_i^G} \sum_{v \in \Delta^+(u)} x_{uv} \cdot q(K) = q'(C_i) \qquad \forall i \in (1, \cdots, n) \qquad (3\text{-}10)$$

$$\sum_{u \in C_i^G} \sum_{v \in \Delta^+(u)} x_{uv} \cdot q(K) \geq q(C_i) \cdot y_{C_i} \qquad \forall i \in (1, \cdots, n) \qquad (3\text{-}11)$$

$$Pr(g(x_{uv}, w_u, w_v, T(w_u)) \leq 0) > \beta \qquad \forall (u, v) \in E \qquad (3\text{-}12)$$

$$M \cdot (1 - x_{uv}) + \gamma + S(u) \geq w_v - w_u \qquad \begin{array}{l} \forall (u, v) \in E \\ with\ u \in D^G,\ v = C^G \end{array} \qquad (3\text{-}13)$$

$$w_u \geq a(u) \qquad \forall u \in C^G \cup D^G \qquad (3\text{-}14)$$

$$w_u \leq b(u) \qquad \forall u \in C^G \cup D^G \qquad (3\text{-}15)$$

$$w_{C_{i,\,1}} \leq b'(u) \qquad \forall i \in \{1, \cdots, n\} \qquad (3\text{-}16)$$

$$w_{C_{i,\,j+1}} - w_{C_{i,\,j}} \geq tl_{\min}(C_i) \qquad \begin{array}{l} \forall i \in \{1, \cdots, n\} \\ \forall j \in \{1, \cdots, n(C_i) - 1\} \end{array} \qquad (3\text{-}17)$$

$$w_{C_{i,\,j+1}} - w_{C_{i,\,j}} \leq tl_{\max}(C_i) \qquad \begin{array}{l} \forall i \in \{1, \cdots, n\} \\ \forall j \in \{1, \cdots, n(C_i) - 1\} \end{array} \qquad (3\text{-}18)$$

$$w_{D_{i+1}} - w_{D_i} \geq tl_{\min}(D) \qquad \forall j \in \{1, \cdots, n(D) - 1\} \qquad (3\text{-}19)$$

$$x_{uv} \in \{0, 1\} \qquad \forall (u, v) \in E \qquad (3\text{-}20)$$

$$w_u \in T \qquad \forall u \in C^G \cup D^G \qquad (3\text{-}21)$$

$$y_c \in \{0, 1\} \qquad \forall c \in C \qquad (3\text{-}22)$$

目标函数如式(3-2)所示，其目的是在最大化满足客户需求的同时最小化调度过程中车辆的运输费用，用$\beta_1(c)$惩罚没有完全满足用户需求的调度策略，用$\beta_2(c)$惩罚未完成的客户需求量的调度策略。式(3-3)~式(3-22)为约束条件。约束(3-3)表示目标函数中车辆运输费用$\overline{T}$是在置信水平为α时所取得最小值。约束(3-4)和约束(3-5)表示从开始节点发出的车辆数必须等于搅拌站所拥有的车辆数，以及工作日工作结束后，停靠在搅拌站的车辆数也必须等于搅拌站所拥有的车辆数。约束(3-6)表示搅拌站节点或客户节点的出度或入度的平衡，当有车辆到达节点 v 装载或卸载其必须离开该节点去服务客户，或返回搅拌站。约束(3-7)表示每个客户作业至多只能被完成一次。约束(3-8)表示每个搅拌站节点只能装载一次，这是由搅拌站不能同时装载两辆罐车决定的。约束(3-9)表示对于任意客户其第 $j+1$ 次作业只有在 j 次作业完成后才能完成。也就是说同一客户的作业应该顺序完成。约束(3-10)用来计算客户有多少需求量没有被满足。约束(3-11)表示如果客户的所有需求没有被满足时 y_{C_i} 取值为 1，否则取值为 0。约束(3-12)保证在置信水平为 β 时，运输混凝土的车辆在 $w_u+S(u)$ 时刻从节点 u 出发，经过随机的运输时间 $t_f+t_{uv}(w_u+S(u))$，能在 w_v 时刻前到达施工现场。约束(3-13)用来保证混凝土在车辆中停留的时间不会超出混凝土特性所决定的混凝土初凝时间 γ。约束(3-14)和约束(3-15)保证到达节点 u 的时间在其定义的工作时间窗之内。约束(3-16)保证客户的第一次作业开始时间不会晚于其定义的最晚开始时间。约束(3-17)和约束(3-18)是用来保证连续两次作业到达时间间隔在客户指定的范围内，既要满足连续生产又要使得作业到来间隔一定的时间。约束(3-19)是搅拌站生产率约束与约束(3-8)一起来保证在搅拌站不会同时有两辆罐车被装载。约束(3-20)~约束(3-22)定义了模型中变量的定义域。

3.2　模型求解

机会约束规划模型主要针对约束条件中含有随机变量，且必须在观测到随机变量的实现之前作出决策的情况。考虑到所作出的决策在不利情况发生时可能不满足约束条件，而采用一种原则：允许决策在一定程度上不满足约束条件，但是该决策应该使约束成立的概率不小于某一置信水平。

在 3.1 节给出的预拌混凝土车辆调度机会规划模型中，机会约束(3-12)表示当且仅当事件 $\{T(w_u)\mid g(x_{uv}, w_u, w_v, T(w_u))\leqslant 0\}$ 的概率测度不小于 β，即违反约束条件的概率小于 $1-\beta$ 时，解向量 (x_{uv}, w_u, w_v) 是可行的。在算法执行过程中我们要对每一个解向量检验，罐车在 $w_u+S(u)$ 时间从 u 点出发是否能在概率测度不小于 β 时，在 w_v 时间之前到达节点 v。因此，设不确定函数 $U_2:(x_{uv}, w_u, w_v)\rightarrow Pr(g(x_{uv}, w_u, w_v, T(w_u))\leqslant 0)$，这个函数的输入是解向量$(x_{uv}, w_u, w_v)$，输出为事件$\{T(w_u) \mid g(x_{uv}, w_u, w_v, T(w_u)) \leq 0\}$的概率测度。

为了在算法中使用函数U_2检验解向量是否满足约束(3-12)，采用单隐含层的多层前向神经元网络，训练神经网络逼近不确定函数U_2。首先用随机仿真技术为U_2函数产生输入输出数据。因x_{uv}等于1时表示有罐车从u点到达v点，在模型中有多个客户和一个搅拌站，搅拌站与不同客户之间的道路不同，因此距离、车辆运行统计数据都不同。所以在训练时有几个客户就相应的有与训练同样个数的神经网络，任何一个神经网络只针对搅拌站和一个客户，也就是说任意一个神经网络代表一簇x_{uv}，其中$u \in D^G$，$v \in C_i^G$或$u \in C_i^G$，$v \in D^G$。因此在用随机仿真技术对U_2产生输入输出数据时可以不考虑x_{uv}，只需考虑w_u，w_v和$t_{uv}(w_u+S(u))$的取值，判断运输时间是否满足$w_u+S(u)+T(w_u)-w_v \leq 0$。

首先随机产生3 000个w_u，每个的取值都在范围$[0:00, 24:00]$之间。对每一个w_u，为了尽可能在可行解范围内训练神经元网络，因此，限制相应的w_v取值在$[w_u, w_u+S(u)+\gamma]$之间，这里γ是混凝土在罐车中停留最大时间。然后用$Monte\ carlo$仿真技术对每一个时间对(w_u, w_v)都模拟产生2 000个$T(w_u)$值，也就是进行2 000次循环模拟得到满足公式$w_u+S(u)+T(w_u)-w_v \leq 0$的输出概率值，组成输入输出对$((w_u, w_v), Pro)$，其中$Pro$表示$w_u$时间罐车在搅拌站开始装载，并且$w_v$时间点前到达相应客户节点的可能性。最后使用得到的3 000个输入输出对$((w_u, w_v), Pro)$数据，训练一个只有单隐含层的多层前向神经元网络逼近不确定函数，传递函数使用$sigmoid$函数。

模型中给出的目标函数表示最大化为客户供应混凝土的同时，最小化罐车的运输时间，目标中含有罐车随机运输时间$T(w_u)$。因此对于每个给定的决策向量(x_{uv}, w_u, w_v)，运输时间$T(w_u)$是随机变量，这样会有多个$\bar{T}(w_u)$使得$Pr(T(w_u) \leq \bar{T}(w_u)) \geq \alpha$成立，从极小化目标值的观点来看，所求的目标值$\bar{T}(w_u)$应该是随机变量$T(w_u)$在保证置信水平至少是$\alpha$时所取得最小值，也就是$T(w_u)$的$\alpha$悲观值。

为了计算目标值，设不确定函数U_1: $(w_u) \rightarrow \min\{\bar{T}(w_u) \mid Pr(T(w_u) \leq \bar{T}(w_u)) > \alpha\}$，函数$U_1$的输入是罐车开始卸载或开始装载时间$w_u$，输出是保证置信水平至少是$\alpha$时罐车运输时间的最小值。然后训练神经网络逼近不确定函数U_1。首先用随机仿真技术为U_1函数产生输入输出数据。函数U_1表示罐

车在 $w_u + S(u)$ 时间出发，通过搅拌站与客户之间的道路到达目的节点的运输时间，因此，在训练时有几个客户就相应的训练同样个数的神经网络。对于任意待训练的神经网络，首先随机产生 3 000 个 w_u，每个的取值都在范围[0:00,24:00]之间。对每一个 w_u 用随机仿真技术进行 2 000 次循环模拟，产生 2 000 个运输时间 $T_1(w_u)$，$T_2(w_u)$，$\cdots$，$T_{2\,000}(w_U)$ 使用 Monte carlo 仿真方法得到在置信水平 α 限制下的最小运输时间 $\overline{T}(w_u)$，这样就得到一个输入输出对 $(w_u, \overline{T}(w_u))$ 作为待训练神经网络的一个输入。最后使用上述方法得到的 3 000 个输入输出对 $(w_u, \overline{T}(w_u))$ 训练一个只有单隐含层的多层前向神经元网络逼近不确定函数，传递函数使用 sigmoid 函数。这样我们在进行目标值的计算时，对任意 $(u, v) \in E$，如果这条边表示从搅拌站出发到达客户节点的边，或表示从客户节点返回搅拌站的边，则使用已经训练好的神经网络计算其满足置信水平 α 的最小运输时间。也就是说对于目标函数的第一部分 $\sum_{(u,\,v)\,\in E} x_{uv} \cdot Z(w_u,$ $w_v, \overline{T}(w_u))$，当 $x_{uv} = 1$ 时可以利用训练好的神经网络计算相应的花费函数 $Z(w_u, w_v, \overline{T}(w_u))$ 的值。然后，在此基础上提出了一种混合遗传算法来对混凝土罐车调度实例进行优化。

3.3　混合遗传算法

遗传算法(Genetic Algorithm，GA)是一种模拟生物进化原理中的"适者生存"和"优胜劣汰"机制而发展的随机化搜索技术，具有自组织、自适应和自学习性等特点。这种算法在解决作业调度与排序、可靠性设计、车辆路径规划与调度等领域的优化问题时表现出色，并已在工业工程等多个领域得到广泛应用。

本书根据预拌混凝土罐车调度问题机会规划模型的特征对 GA 算法进行了改进，算法结合了启发式规则、神经元网络，并采用 Hash 函数搜索策略提高算法执行效率。如算法 3-1 所示。

算法 3-1	启发式混合遗传算法
步骤 1	用随机模拟仿真为下列不确定函数产生输入输出数据。 $U_1: (w_u) \rightarrow \min\{\bar{T}(w_u) \mid Pr(T(w_u) \leqslant \bar{T}(w_u)) > \alpha\}$ $U_2: (x_{uv}, w_u, w_v) \rightarrow Pr(g(x_{uv}, w_u, w_v, T(w_u)) \leqslant 0$
步骤 2	根据产生的输入输出数据训练神经元网络逼近不确定函数。
步骤 3	建立一个 Hash 表，用来存放历代个体。
步骤 4	根据启发式规则初始化 pop_size 个个体，初始化过程中需要使用已训练好的神经元网络，检验查找到的节点时间对是否满足约束。
步骤 5	通过交叉变异操作更新个体，在交叉变异过程中使用已经训练好的神经元网络，检验交叉或变异的可行性。
步骤 6	查找 Hash 表确定个体是否曾被计算过，如果是则直接从 Hash 表中取出目标值，否则利用训练好的神经元网络计算该个体的目标值，并更新 Hash 表。
步骤 7	根据目标值 $value$，计算每个个体的适应度 $fit = max - value$，其中 max 为预先设定的一个大数。
步骤 8	通过轮盘赌与最优保留策略选择 pop_size 个体作为下一代。
步骤 9	重复步骤 5 到步骤 8 直到完成给定的循环次数。
步骤 10	返回最优个体作为最优解。

3.3.1 编码方案

由问题描述可知，车辆的装载量相同，也就是说每个客户的需求作业数固定为 $n(C_i) = [q(C_i)/q(K)]$，将遗传算法的编码长度定义为所有客户总需求作业数的两倍，这是因为我们需要知道车辆每次从搅拌站出发的时间，以及到达客户节点的时间。遗传算法的编码结构如图 3-1 所示。

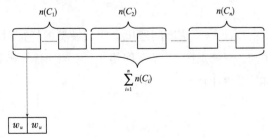

图 3-1　遗传算法编码结构

本书中，一个工作日内 24 个小时的最小单位以分钟来表示，因此采用自然数编码，问题的每一个解用向量 $X = (w_{u1}, w_{v1}, w_{u2}, w_{v2}, \cdots, w_{um}, w_{vm})$ 表示，其中 $m = \sum_{i=1}^{n} n(C_i)$，表示所有客户总需求作业数。$w_{ui}$ 表示为本次作业服务的罐车在搅拌站开始装载的时间。w_{vi} 表示罐车到达施工现场的时间。因为搅拌站有生产率的限制，也就是在搅拌站连续的两次装载操作必须隔至少 $tl_{\min}(D)$ 的时间，又由于大多数混凝土企业一般都是超订(实际接收订单作业数大于搅拌站的产能)运行。因此在本书中采用启发式规则，将搅拌站节点离散化为在工作时间内可以完成的最大装载数 $n(D) = [b(D) - a(D)/tl_{\min}(D)]$，其中每一节点 D_i 与一个装载时间对应，表示搅拌站可完成的一次装载操作及其装载开始时间。这样编码结构中的每一个时间对 (w_{ui}, w_{vi}) 既表示 (D_j, w_{vi})，也表示与 D_j 关联的装载开始时间。

3.3.2　初始化

在编码结构中每个客户的一次作业表示为一个时间对 (w_{uv}, w_{vi})。在产生初始数据时采用了启发式规则，来保证初始数据的可行性，产生任意一个个体的步骤具体如下。

步骤 1：将客户随机排序为 $(C_{p1}, C_{p2}, \cdots, C_{pn})$，这是因为在后续步骤中为客户作业查找搅拌站节点时，不同的查找顺序会得到不同的结果。其中 p 是客户在该排列中的位置。例如，有 3 个客户排序结果可能是 3 | 2 | 1，则 $C_{p1} = C_3$，$C_{p2} = C_2$，$C_{p3} = C_1$。

步骤 2：设置 $j = 1$，对客户 C_{pj} 的 w_v 进行初始化，首先为了满足客户第一次作业的开始时间窗要求，将该客户的第一次作业的 w_{v1} 初始化为开始时间窗 $[a(C_{pj}), b'(C_{pj})]$ 内的任意随机数。其余作业的开始时间初始化为 $w_{v,i+1} = w_{vi} + rand([tl_{\min}(C_{pj}), tl_{\max}(C_{pj})])$ 这是为了满足连续卸载需求，也就是满足约束(3-17)和约束(3-18)。

步骤 3：根据已经产生的 w_{vi} 值，计算为客户 C_{pj} 服务的搅拌站节点。从客户 C_{pj} 的最后一次作业 $w_{v,n(C_{pj})}$ 开始，在搅拌站节点中查找与 $w_{v,n(C_{pj})}$ 时间最接近的 $w_{u,n(C_{pj})}$，然后验证时间对 $(w_{u,n(C_{pj})}, w_{v,n(C_{pj})})$ 是否满足约束(3-12)和约束(3-13)，并验证该节点是否已经被使用，即是否满足约束(3-8)。如果不满足上述条件则将搅拌站节点向前移动一个位置并重新验证，直到找到为本次作业服务的搅拌站节点，然后为第 $n(C_{pj})-1$ 次作业查找搅拌站节点，直到客户 C_{pj} 的所有作业都找到相应的搅拌站节点。查找过程中若某个作业无法找到为其服务的搅拌站节点，则置 $w_{u,n(C_{pj})}=\varnothing$，$n(C_{pj})=n(C_{pj})-1$ 并重复上述查找过程。这表示如果无法完成客户的 $n(C_{pj})$ 次作业，则重新查找，尝试完成该客户的所有 $n(C_{pj})-1$ 次作业。

步骤4：置 $j=j+1$，重复步骤2、步骤3，直到本次排列的所有客户全部初始化完成，得到一个个体。

3.3.3 计算目标值

在模型中目标值包含两个部分，第一个部分是在置信度 α 的约束下，总的运输费用；第二个部分是对未完成的客户作业的惩罚。要得到运输时间以及客户作业完成数，必须知道每个作业是由哪个车辆完成的。因此，首先将作业插入车辆流中，然后根据车辆流计算目标值，具体步骤如下。

步骤1：将一个个体中的所有作业按照 w_u 从小到大的顺序排列为 $((w_{u1},$ $w_{v1}),(w_{u2},w_{v2}),\cdots,(w_{um},w_{vm}))$。

步骤2：从第一辆罐车 k 开始，按照步骤1中作业的顺序，查找第一个还没有插入车辆流中的作业 (w_{ui},w_{vi})，作为该车需要完成的第一次作业插入车辆 k 的车辆流中，记作 $(w_{u,(k,s)},w_{v,(k,s)})=(w_{ui},w_{vi})$，其中 s 指示该车辆的当前作业。如果没有这样的作业则表示所有客户作业都已经完成。

步骤3：从车辆 k 的第一次作业位置 (w_{ui},w_{vi}) 开始，按照步骤1中作业的顺序，向后查找 $(w_{u(i+1)},w_{v(i+1)})$，如果第 $i+1$ 次作业已经插入到其他车辆流中，则继续向后查找第 $i+2$ 次作业，直到某次作业 j 还没有被插入到其他车辆流中。然后使用训练好的神经元网络验证 $(w_{v(k,s)},w_{uj})$ 是否满足约束(3-12)，如果不满足约束则继续向后查找第 $j+1$ 次作业，如果满足表示罐车 k 在完成第一次作业后可以及时返回搅拌站进行下一次装载，并为 j 次作业服务，则置 $(w_{u,(k,s+1)},w_{v(k,s+1)})=(w_{uj},w_{vj})$，并置 $s=s+1$ 继续查找该车辆的下一次作业，直到循环完所有作业。

步骤4：置 $k=k+1$ 重复步骤2和步骤3直到所有车辆的车辆流全部完成插入。

步骤5：查找已经插入完成的所有车辆流，如果有某客户 C_i 的第 j 次作业在车辆流中，也就是该作业被完成，但第 $j-1$ 次作业没有在车辆流中，则从车

辆流中删除客户 C_i 的第 j 次作业，这是因为任意客户的作业必须顺序完成。

步骤 6：根据所有车辆的车辆流信息，可以得到有多少客户的需求没有完全得到满足，有多少客户作业没有完成。相应的可以计算出目标值第二个部分对未完成的客户作业的惩罚。任意车辆的车辆流 $(w_{u(k,1)}$，$w_{v(k,1)})$，$(w_{u(k,2)}$，$w_{v(k,2)})$，$\cdots$，$(w_{u(k,\epsilon)}$，$w_{v(k,\epsilon)})$ 都是由时间对序列表示的，使用为 U_1 函数训练好的神经网络计算相应的运输时间 $(w_{u(k,i)}$，$\overline{T}(w_{u,(k,i)}))$，返程时间 $(w_{v(k,i)}$，$\overline{T}(w_{v,(k,i)}))$，并完成目标值第一部分的计算。将这两部分的值相加得到个体的目标值。

3.3.4　交叉算子

交叉算子模仿生物遗传和进化过程中的交配重组对两个相互配对的染色体按某种方式相互交换部分基因产生新个体，在进化过程中起着关键作用。本书设计的交叉操作详细过程如下。

步骤 1：根据交叉概率（实验中将交叉概率设置为 0.6）判断个体 $j=1$ 是否进行交叉操作。如果不需要进行交叉，则跳转至步骤 6 继续执行，否则执行步骤 2。

步骤 2：查找个体 j 的每个 w_{ui} 的可交叉个体，查找原则为可交叉个体相应位置上的 w_u 值（表示为 w_{ue}），满足个体 i 中没有 w_{ue}［为了满足约束（3-8）］，且 $w_{u(i-1)} < w_{ue}$，$w_{ue} < w_{u(i+1)}$［为了满足约束（3-9）］；时间对 $(w_{ue}$，$w_{vi})$ 通过训练好的神经网络验证。

步骤 3：查找个体 j 的每个 w_{vi} 的可交叉个体，查找原则为可交叉个体相应位置上的 w_v 值（表示为 w_{ve}），必须满足 $tl_{\min}(c) \leqslant w_{v(i+1)} - w_{ve} \leqslant tl_{\max}(c)$ 和 $tl_{\min}(c) \leqslant w_{ve} - w_{v(i-1)} \leqslant tl_{\max}(c)$［为满足约束（3-17）和约束（3-18）］；时间对 $(w_{ui}$，$w_{ve})$ 满足约束（3-12）和约束（3-13）。

步骤 4：定义位交叉概率（个体 i 的每个可交叉位置的交叉概率）为可交叉个体个数与种群规模的比值的逆。对于某个体的 w_{ui} 位置，可以进行交叉的个体数为 3 个，种群规模为 10。则该位置的交叉概率为 1–3/10＝0.7。这样做的目的是对于那些可交叉位置越少的个体，变化的机会大一些，以期多产生新的个体。

步骤 5：对于个体 j 的每个可交叉位置，根据位交叉概率判断是否进行交叉，如果是则随机选择该位置的一个可交叉个体 y，并替换个体 j 相应位置的

值为个体 y 相应位置的值。

步骤6：置 $j=j+1$ 执行步骤1到步骤5。

3.3.5　变异算子

变异算子决定了进化过程的局部搜索能力，能够避免由于选择和交叉运算而造成的某些信息损失，维持群体多样性。本书设计的变异操作的详细过程如下。

步骤1：根据变异概率(实验中变异概率设置为0.1)判断个体 $j=1$ 是否进行变异操作。如果不需要进行变异操作则跳转至步骤5继续执行，否则执行步骤2。

步骤2：随机指定个体 j 的变异位置为 $[1, 2, \cdots, m]$ 区间内的随机整数。其中 $m = \sum_{i=1}^{n} n(C_i)$ ，表示所有客户总需求作业数。变异位置包含有两种位置一种是搅拌站节点及时间 w_u ，一种是客户作业时间 w_v 。

步骤3：当变异位置为 w_{ui} 时，如果 w_{ui} 是某个客户的第一次作业则 w_{ui} 的值变异为最小值等于 $[(a(D)+w_{vi})/tl_{min}(D)]-[\gamma/tl_{min}(D)]$ ，最大值等于 $[(a(D)+w_{vi})/tl_{min}(D)]-[(tl_{min}(C_i)+t_f)/tl_{min}(D)]$ 之间的一个随机整数，表示为 w_{ue} 。其中 $[(a(D)+w_{vi})/tl_{min}(D)]$ 表示与 w_{vi} 最接近的搅拌站节点，$[\gamma/tl_{min}(D)]$ 表示混凝土在罐车中最大停留时间可以跨越的搅拌站节点个数，$[(tl_{min}(C_i)+t_f)/tl_{min}(D)]$ 表示罐车到达该客户节点所需要的最少时间可以跨越的搅拌站节点的个数。若 w_{ui} 不是客户的第一次作业，则 w_{ui} 变异为 $[w_{u(i-1)}, w_{u(i+1)}]$ 之间的随机整数，记为 w_{ue} 。个体 j 相应位置的 w_{ui} 值如果变异为 w_{ue} ，需要满足：w_{ue} 在个体中没有出现过 [为满足约束(3-8)]；时间对 (w_{ue}, w_{vi}) 满足约束(3-12)和约束(3-13)；$w_{ue}>w_{u(i-1)}$ ，$w_{ue}>w_{u(i-1)}$ ，(满足约束8)。

步骤4：当变异位置为 w_{vi} 时，如果 w_{vi} 是某客户的第一次作业则 w_{vi} 变异为区间 $[a(C_i), b'(C_i)]$ 之间的随机整数，记作为 w_{ve} 。如果 w_{vi} 不是第一次作业，则变异为 $[w_{v(i-1)}, w_{v(i+1)}]$ 之间的随机整数，记作为 w_{ve} 。若对相应位置的 w_{vi} 变异为 w_{ve} ，需要满足：$tl_{min}(c) \leq w_{v(i+1)}-w_{ve} \leq tl_{max}(c)$ ，$tl_{min}(c) \leq w_{ve}-w_{v(i-1)} \leq tl_{max}(c)$ [满足约束(3-7)、约束(3-17)、约束(3-18)]，时间对 (w_{ui}, w_{ve}) 需满足约束(3-12)和约束(3-13)。

步骤5：置 $j=j+1$ 执行步骤1到步骤4。

3.3.6　选择算子

选择算子是在群体中选择生命力强的个体产生新的群体的过程，其好坏决定遗传算法的计算结果。本书采用随机竞争和最佳保留选择策略，保证当前群体适应度最高的个体被保留到下一代群体，反复按轮赌盘机制选择 pop_size 个体作为下一代群体。

3.3.7　Hash 函数搜索策略

本书使用 Hash 函数的目的是在优化问题中，保存并利用适应值计算的历史数据。所构造的 Hash 表用每个数字的 ASCII 码叠加作为 Key。采用先折叠，然后除留余数法构造 Hash 函数，也就是先将 Key 按无符号 64 位整型数据的最大长度(18)进行折叠，然后对折叠结果使用除留余数法得到 Key 在 Hash 表中的位置。在处理冲突时，所有 Key 冲突的数据，保存在一个链表中，该链表记录 Key 及其对应的 Value。加入一个 Key-Value 到 Hash 表时，如果发生冲突，那么将这个 Key-Value 保存在冲突位置的链表后；根据 Key 查找时，如果发现哈希函数计算出的位置存在冲突，继续搜索该位置对应的链表，如果找到返回相应 Value，否则返回未找到。

3.4　实验及分析

应用上述遗传算法对问题实例进行优化。所使用的测试数据为某搅拌站一周的工作数据，包含星期一到星期五共 5 天的数据，见表 3-1。表中共有 5 个测试数据实例 1 到实例 5，每个客户数据包含客户号，客户的需求量，施工现场与搅拌站的距离，客户作业最早开始时间 $a(c)$，客户工作最晚时间 $b(c)$，客户第一次作业的最晚开始时间 $b'(c)$，客户连续两次递送的最小时间间隔 $tl_{\min}(c)$，客户连续两次递送的最大时间间隔 $tl_{\max}(c)$ 以及客户节点的服务所需时间 $S(c)$。表 3-1 中也给出了优化过程中需要知道搅拌站拥有车辆数 K，连续装载两次罐车的最小时间间隔 $tl_{\min}(D)$，每辆车的装载量 $q(K)$，以及车辆在搅拌站所需服务时间 $S(D)$。

表 3-1　客户需求数据

	ID	需求量/ m³	距离/ km	$a(c)$	$b(c)$	$b'(c)$	$tl_{min}(c)/$ min	$tl_{max}(c)/$ min	$S(c)/$ min
实例 1	1	90	22	8:00	16:00	8:10	5	10	9
	2	30	13	7:00	16:00	7:30	3	9	5
	3	38	9	7:30	15:00	7:40	6	13	12
	4	66	23	8:00	17:00	8:20	4	8	10
	5	72	31	8:30	17:00	8:45	3	10	7
实例 2	1	66	32	9:00	17:00	9:20	4	9	8
	2	36	8	8:30	16:00	8:50	6	12	10
	3	43	9	7:30	15:00	7:40	5	10	16
	4	52	16	8:00	17:00	8:10	3	8	9
	5	36	15	8:00	17:00	8:20	4	10	7
	6	26	13	9:00	16:00	9:15	5	9	9
实例 3	1	102	13	7:30	17:00	7:50	3	7	7
	2	16	26	8:30	16:00	8:40	0	9	8
	3	32	11	9:30	15:00	9:45	6	13	9
	4	96	23	8:00	17:00	8:10	3	9	16
	5	22	9	8:20	17:00	8:30	4	11	10
实例 4	1	32	16	10:00	17:00	10:20	0	5	13
	2	38	18	9:30	16:00	9:50	6	10	11
	3	66	22	7:50	15:00	8:00	4	9	15
	4	23	9	8:20	17:00	8:40	0	6	8
	5	17	26	8:30	17:00	8:40	5	12	9
	6	29	15	7:30	16:00	7:45	3	10	13
	7	46	11	9:00	18:00	9:20	3	8	9
实例 5	1	88	18	7:30	16:00	7:40	2	10	9
	2	21	23	9:30	12:00	9:50	0	5	8
	3	36	19	7:30	15:00	7:50	3	11	16
	4	54	26	9:00	17:00	9:10	4	8	10
	5	9	8	8:30	17:00	8:50	2	9	13
	6	69	17	7:40	16:00	8:00	0	13	18

注：$K = 30$，$tl_{min}(D) = 4$ min，$q(k) = 6$ m³，$S(D) = 7$ min，$V_{ini} = 4$ km/h

3.4.1　执行结果

应用上面给出的 5 个实例对算法进行测试，对每个实例进行 10 次试验求得平均测试结果见表 3-2，在表中给出了客户数（CM），总需求量（TD），客户需求作业数（TJ），平均取消的客户作业数（CJ），平均未使用的车辆数（UV），总的递送时间（TDT），总的返程时间（TRT），每次递送平均等待时间（AWT）。

表 3-2　执行结果数据

实例	CM	TD	TJ	CJ	UV	TDT/min	TRT/min	AWT/min
1	5	296	50	0.3	0	1 627.42	1 256.36	13.5
2	6	259	45	0	2	1 175.34	1 029.82	12.7
3	5	268	46	0	3.1	1 338.37	1 291.11	9.28
4	7	251	43	0	6.2	1 009.27	989.53	7.9
5	6	277	48	1.1	0	1 382.20	1 319.61	13.61

表 3-3 给出了实例 1 的车辆流，表示为链状结构。例如，表中车辆 1 的车辆流，首先从开始节点到达 D_2 搅拌站节点，装载后为客户 2 的第一次作业供应混凝土（$C_2J_1(428)$，其中 428 表示本次作业的开始时间为该工作日的第 428分钟），然后返回搅拌站，在搅拌站的 D_{24} 节点进行下一次装载为客户 1 的第 3次作业服务（$C_1J_3(503)$），一直到完成该车辆的所有作业后返回并停靠在搅拌站（P）。

表 3-3　实例 1 车辆流数据

车辆序号	车辆流数据
1	$S{\rightarrow}D_2{\rightarrow}C_2J_1(428){\rightarrow}D_{24}{\rightarrow}C_1J_3(503){\rightarrow}D_{46}{\rightarrow}C_1J_{11}(572){\rightarrow}P$
2	$S{\rightarrow}D_3{\rightarrow}C_2J_2(435){\rightarrow}D_{26}{\rightarrow}C_1J_4(512){\rightarrow}D_{48}{\rightarrow}C_1J_{12}(582){\rightarrow}P$
3	$S{\rightarrow}D_4{\rightarrow}C_2J_3(440){\rightarrow}D_{27}{\rightarrow}C_4J_3(479){\rightarrow}D_{45}{\rightarrow}C_5J_{11}(581){\rightarrow}P$
4	$S{\rightarrow}D_5{\rightarrow}C_2J_4(443){\rightarrow}D_{28}{\rightarrow}C_4J_4(505){\rightarrow}D_{47}{\rightarrow}C_5J_{12}(591){\rightarrow}P$
5	$S{\rightarrow}D_6{\rightarrow}C_2J_5(447){\rightarrow}D_{29}{\rightarrow}C_1J_5(521){\rightarrow}D_{50}{\rightarrow}C_1J_{14}(594){\rightarrow}P$
6	$S{\rightarrow}D_7{\rightarrow}C_3J_1(454){\rightarrow}D_{31}{\rightarrow}C_4J_6(529){\rightarrow}D_{49}{\rightarrow}C_1J_{13}(588){\rightarrow}P$
7	$S{\rightarrow}D_8{\rightarrow}C_3J_2(461){\rightarrow}D_{33}{\rightarrow}C_1J_6(529){\rightarrow}D_{52}{\rightarrow}C_1J_{15}(602){\rightarrow}P$
8	$S{\rightarrow}D_9{\rightarrow}C_3J_3(471){\rightarrow}D_{35}{\rightarrow}C_4J_9(531){\rightarrow}P$
9	$S{\rightarrow}D_{10}{\rightarrow}C_3J_4(482){\rightarrow}D_{38}{\rightarrow}C_4J_{11}(542){\rightarrow}P$
10	$S{\rightarrow}D_{11}{\rightarrow}C_3J_5(491){\rightarrow}D_{40}{\rightarrow}C_1J_8(549){\rightarrow}P$
11	$S{\rightarrow}D_{12}{\rightarrow}C_3J_6(500){\rightarrow}D_{43}{\rightarrow}C_5J_{10}(577){\rightarrow}P$

（续表）

车辆序号	车辆流数据
12	$S \to D_{13} \to C_3 J_7(507) \to D_{44} \to C_1 J_{10}(564) \to P$
13	$S \to D_{14} \to C_5 J_1(512) \to P$
14	$S \to D_{15} \to C_5 J_2(517) \to P$
15	$S \to D_{16} \to C_5 J_3(525) \to P$
16	$S \to D_{17} \to C_5 J_4(530) \to P$
17	$S \to D_{18} \to C_5 J_5(538) \to P$
18	$S \to D_{19} \to C_5 J_6(547) \to P$
19	$S \to D_{20} \to C_5 J_7(552) \to P$
20	$S \to D_{21} \to C_1 J_1(486) \to D_{42} \to C_1 J_9(557) \to P$
21	$S \to D_{22} \to C_1 J_2(495) \to P$
22	$S \to D_{23} \to C_4 J_1(484) \to P$
23	$S \to D_{25} \to C_4 J_2(491) \to P$
24	$S \to D_{30} \to C_4 J_5(509) \to P$
25	$S \to D_{32} \to C_4 J_7(519) \to P$
26	$S \to D_{34} \to C_4 J_8(527) \to P$
27	$S \to D_{36} \to C_4 J_{10}(535) \to P$
28	$S \to D_{37} \to C_1 J_7(539) \to P$
29	$S \to D_{39} \to C_5 J_8(562) \to P$
30	$S \to D_{41} \to C_5 J_9(569) \to P$

3.4.2　结果分析

（1）车辆数的变化对调度结果的影响

当客户需求固定时，不同的车辆数对于调度结果的影响可以指导混凝土企业更好的安排次天的车辆计划。因此这里使用实例 2 分析调度结果受到车辆数的变化。我们设置罐车数量从 1 辆变化到 45 辆，对每一车辆数执行 10 次模拟求的平均值，观察未完成客户作业数，以及需求未完成的客户数的变化，如图 3-2 所示。

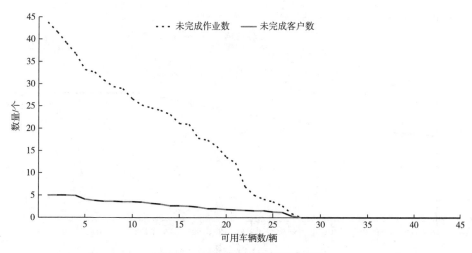

图 3-2　车辆数对调度结果的影响

图 3-2 中，横轴表示车辆数，纵轴表示未完成的作业数或未满足需求的客户数，虚线表示在车辆数变化的情况下未完成作业数的变化，实线表示未满足需求的客户数随车辆数的变化曲线。从结果可以看到，对于同样的客户需求，车辆数的增加使得可以完成的作业数增大，也可以看到对于实例 2，在车辆数达到 28 辆时就已经可以完全满足客户的所有需求。这样的分析可以指导混凝土企业更好地安排工作日的使用车辆及司机，以节省成本。

（2）置信度 β 的变化对调度结果的影响

对于机会约束规划模型，约束中含有随机变量，随机变量的取值依赖于置信度。本书的预拌混凝土罐车调度机会规划模型中，约束（3-12）中含有罐车运输时间 $T(w_u)$ 这个随机变量，根据悲观值定理可知，该随机变量的悲观值 $T'(w_u)$ 是置信度 β 的减函数，也就是说 β 越小则 $T'(w_u)$ 的取值越小，从而使得约束（3-12）成立的条件越宽。还是以实例 2 为例，首先考察车辆数不变的情况下，置信度 β 对调度结果的影响。对每个 β 值，执行 10 次结果得到平均值，如图 3-3 所示。

图 3-3 中横轴表示置信度 β，从 0.6 以 0.01 为单位一直变化到 1。纵轴表示完成的作业数或使用的车辆数。实线表示不同置信度水平时完成的作业数，虚线表示使用的车辆数随置信度 β 的变化曲线。从图 3-3 中可见在置信度为 1 时，拥有 30 辆罐车，但是可完成作业数只有不到 10 个作业，这是因为在置信度为 1 时，大多数罐车运输混凝土时都违反了 γ 约束，也就是混凝土在罐车中

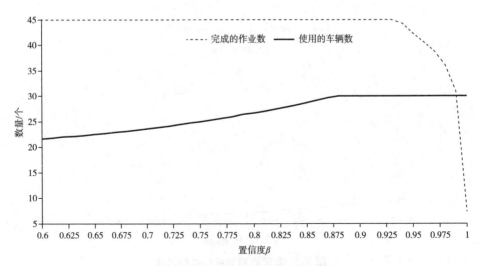

图 3-3   置信度 β 对调度结果的影响

的停留时间超过了最长时限。当 β 从 1 变化到 0.99 时可以看到完成作业数直接增加到 31 个。当置信度 β 为 0.91 时 30 辆罐车已经能为实例 2 中的所有客户作业服务。置信度继续减小，使用的车辆数会一直减小。再对实例 2 的在置信度 β 不同的情况下完成所有客户作业需要的车辆数进行统计，如图 3-4 所示。

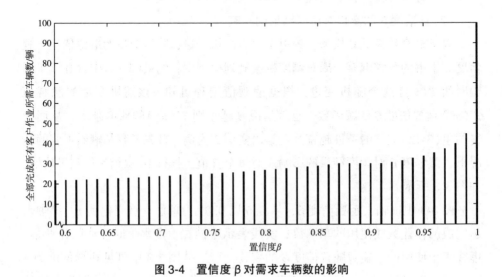

图 3-4   置信度 β 对需求车辆数的影响

从图 3-4 中可以看到置信度 β 为 1 时车辆数不论多少都无法完全满足所有

客户作业需求。当 β 为 0.99 时可以看到平均需要使用 44.8 辆罐车可以完成所有客户的 45 次作业。置信度 β 越小，为完成所有客户需求使用的车辆数将越小。从上述分析中可以看到在机会规划模型中置信度的取值对调度结果的影响非常大，置信度的取值，需要参考实际经验、实际环境的统计数据等信息。

（3）Hash 函数搜索策略在优化中的作用

本书所采用的混合遗传算法在进行目标计算时首先要将客户作业插入车辆流中，然后根据车辆流中的信息计算目标值，其中还要用到神经网络。这个计算过程比较费时，因此，采用 Hash 函数保存并利用目标值计算的历史数据，以提高算法执行效率。在实例 2 执行 2 000 代时每一代碰撞次数如图 3-5 所示。

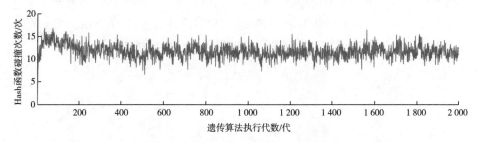

图 3-5 利用 Hash 函数每代中个体与历代个体的碰撞次数

图 3-5 的横坐标表示执行的代数，纵坐标表示每一代的个体与历代执行过的个体碰撞的次数，群体规模为 20 个个体。Hash 函数搜索过程可以看作是瞬时搜索，也就是时间花费与目标值计算进行比较可以忽略不计。不采用 Hash 函数搜索策略时，对实例 2 执行 2 000 代所需时间为 1 827.370 850 秒，采用 Hash 函数搜索策略，同样对实例 2 执行 2 000 代，总的碰撞次数为 23 002 次，总的执行时间为 893.230 872 秒，只占不使用 Hash 策略时的 48.88%，节省了一半还多的时间。可见采用 Hash 搜索策略可以有效提高算法执行效率，解决目标值计算复杂的问题。

3.5　本章小结

本章的主要目的是在静态条件下，考虑罐车运输时间的随机性，合理安排混凝土罐车的时序，尽可能多地完成客户作业。首先分析了预拌混凝土罐车的调度问题的特点，以及交通拥堵对于预拌混凝土调度的影响，将罐车运输时间建模为随机时间依赖问题，考虑不同时间段内车辆运输时间服从不同的负指数分布，并在此基础上建立了预拌混凝土罐车调度的机会规划模型，通过对模型的分析设计了混合启发式遗传算法对问题实例进行优化求解。通过结果的分析可以看到我们的算法能有效解决运输时间随机时混凝土罐车调度问题。

本章研究的问题属于模糊静态调度问题，所有的需求数据在计算之前都是已知的，只有罐车的运行时间是随机的。该方法利用路网状态信息，结合机会规划模型中的置信度，可以为混凝土企业制定更加符合运输现实的罐车调度基准方案，该基准调度策略可以被用来帮助搅拌站工作人员或决策支持系统制订实际工作计划，从本章的研究及分析可以看到，加入随机时间依赖的罐车旅行时间研究结果，可以有效提高罐车调度计划的可用性，可以为混凝土企业工作日内安排车辆使用计划、人员配备计划提供更切合实际的支持。

第4章 客户需求动态变化的混凝土罐车重调度方法

　　预拌混凝土罐车调度问题包含车辆时序、搅拌站的装载时序、施工现场的时间需求、及时生产等多个子问题，属于复杂的组合优化问题。预拌混凝土罐车调度面临的环境也是动态变化的，这些动态性因素主要有运输时间的不确定性、客户需求时间和需求量的不确定性、动态出现的新客户需求、罐车故障、搅拌站故障、泵车故障、天气变化等因素[62]。为响应调度过程中出现的动态因素，预先制订的调度计划将无法按时执行，必须进行重调度。在本章中，主要研究预拌混凝土罐车调度过程中客户需求动态变化的情况，建立基于网络流模型的预拌混凝土罐车调度模型，根据动态需求的动态性水平制定重调度策略，并采用结合启发式的遗传算法对问题实例进行求解。

　　预拌混凝土调度问题的大多数研究成果对调度过程中的多时间窗约束、车辆类型约束等众多因素进行了研究，考虑的都是静态调度问题。Durbin 考虑了客户需求的动态变化，包括客户需求量的变化，增加客户订单，以及客户取消订单的情况。为了处理客户需求的动态变化，该研究中采用局部时间片策略，也就是将一天内的调度时间分成固定大小的时间片，每一次调度只考虑在该时间片之前已经开始并且未完成的作业和将在该时间片开始的作业。该方法中时间片的大小对调度结果的影响很大，较小的时间片可以得到近似最优解，但是处理起来比较困难，难以优化。如果时间片较大，则相应的每一次问题规模增大，并且对于动态事件的处理会出现延迟的情况，使得调度结果可用度不高[61]。

　　考虑需求动态变化的预拌混凝土罐车调度是一种特殊的带时间窗的动态车辆调度问题（Dynamic Vehicle Routing Problem with Time Window，DVRPTW），这类需求动态变化的动态车辆路径问题[72,73]的解决方法主要包括两方面：一是采用一些简单的判断准则，如最邻近准则、先到先服务准则等[74]，将新的客户添加到已经制定或开始执行的调度方案中；二是采用遗传算法、禁忌搜索算法、模拟退火算法等进行整个调度方案的重新优化[75]。预拌混凝土罐车调度与 DVRPTW 的主要区别在于：混凝土属于定制产品，混凝土罐车每次只能为一个客户服务，且服务完成后必须返回搅拌站再次装载；搅拌站有生产率限制，不能连续地发出车辆；而客户需要罐车连续不断地供应以满足连续浇筑的需求等。因此 DVRPTW 的已有研究成果无法直接适用于罐车调度问题。本章的研究中，结合预拌混凝土罐车调度的特点，采用前两章提出的预拌混凝土罐车调度网络流模型，对客户需求的动态性水平进行分析，制定预拌混凝土罐车重调度策略，并构建一种快速算法对问题进行优化。

4.1 问题描述及模型表示

4.1.1 问题描述

在罐车基准调度计划执行过程中客户的需求量会因施工现场的各种不确定性而动态变化，并且也会有新的客户提出混凝土需求。动态变化的需求量，使得基准调度计划必须经过调整才能在最大化满足客户需求的同时最小化搅拌站的运营费用。

混凝土罐车动态调度的流程最重要的是能够恰当地处理被中断的调度过程。在罐车重调度问题中，当客户需求实时变化，需要及时了解中断时每辆罐车的状态、每个客户的状态，调用优化算法对可用罐车集进行重新调度，及时响应客户动态需求，输出调度结果并向搅拌站及罐车下达新的调度指令。客户需求动态变化问题的描述，如图 4-1 所示。

在预拌混凝土重调度问题研究中，首先对客户的动态需求进行度量，然后根据客户需求的动态性水平，确定重调度方法，并根据算法平均执行时间等参数确定进行重调度的开始时刻 T_t。最后，根据 T_t 时刻的状态更新混凝土罐车的调度模型，并执行重调度以满足客户的动态需求。

4.1.2 罐车重调度体系结构

根据混凝土罐车调度过程中的动态性特点，提出的混凝土罐车重调度体系结构包含重调度因素、重调度策略和重调度方法三个层次，如图 4-2 所示。在重调度过程中首先需要知道罐车状态信息、施工现场客户动态需求信息等。本章重点研究施工现场的环境变化引起客户需求的动态变化的情况。重调度因素用于确定哪些动态需求可能引发重调度，无论是客户取消作业、增加作业，还是新客户提出需求都有可能引发重调度。重调度策略用于决定是否引发重调度以及引发何种重调度。重调度方法用于生成优化的重调度方案，包含不进行重调度、仅车辆重排及全局重调度三种方法。

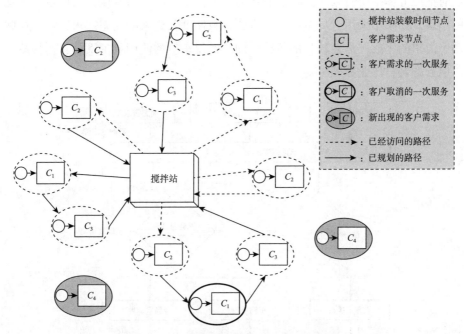

图 4-1　预拌混凝土罐车动态调度问题描述

　　混凝土罐车重调度策略主要是为了判断出现的动态因素将引发何种重调度，首先需判断到来的动态需求的动态性水平，根据动态性水平来确定采用哪种重调度方法。本章研究中将搅拌站的装载与施工现场的卸载统一起来考虑，意味着动态性水平的度量不仅考虑是否影响车辆的排程，还要考虑是否影响搅拌站的装载时序。

　　根据动态需求的动态性水平，决定采用哪种重调度方法。不同的重调度方法对原调度方案的影响程度不同，并且新的重调度方案的执行所需费用不同，研究中根据预拌混凝土重调度的特点，采用原方案执行、车辆重排、全重调度三种重调度方法。当客户的动态需求不影响原调度方案的车辆流和搅拌站装载时序时，采用原调度方案继续执行的重调度方法。当客户的动态需求影响原方案车辆流，但是不影响原搅拌站装载时序时采用车辆重排的重调度方式。这种重调度方法是指除了客户的动态需求，其余原方案中未完成的作业的装载时刻，卸载时刻都不变化，仅将这些作业的使用车辆改变，以达到优化车辆使用数的目的。当客户的动态需求影响搅拌站装载时序时，采用全局重调度的方式。全局重调度方法是指客户的动态需求无法在指定的时间范围内进行装载，这时把原方案中所有未完成作业和新的动态需求一起重新调度，可以取得更优的结果。如果不采用全局重调度的方式，只调度新到来的动态需求，那么这些动态需求的完成，需要较长的等待时间，使得车辆的使用效率下降，搅拌站可以服务的客户作业数减少。

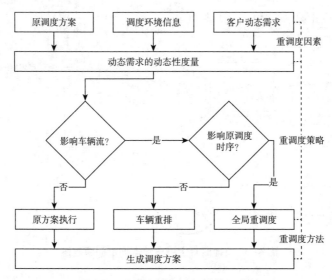

图 4-2　混凝土罐车重调度体系结构

4.1.3　数学模型

在第 2 章的研究中，已经建立预拌混凝土罐车调度问题的模型，本章的混凝土罐车调度的混合整数规划模型以及符号表示仍采用同样的描述。将问题表示为图 $G = \{H, E, T, Z\}$ 的形式，其中 H 是图中的节点集合，E 是图中的边集，T 是定义在边集上的时间集合，Z 是定义在边集上的费用集合。出现动态因素的时刻表示为 $T = \{T_0, T_1, \cdots, T_r\}$，$T_0$ 表示生成基础调度的时刻，没有任何需求的变动或动态变化因素出现。由于研究的是重调度问题，在重调度时需要知道每辆罐车的状态，因此决策变量中需要加入车辆因素。为了表述完整，仍然将整个数学模型给出。

$$x_{u,v,k} = \begin{cases} 1 & \text{有罐车 } k \text{ 从节点 } u \text{ 出发到达节点 } v \\ 0 & \text{没有罐车 } k \text{ 从节点 } u \text{ 出发到达节点 } v \end{cases}$$

$$w_u = \begin{cases} T & \text{罐车 } k \text{ 到达节点 } u \text{ 的时间, } \forall(u,v,k) \in E, \; x_{u,v,k} = 1 \\ \varnothing & \forall(u,v,k) \in E, \; x_{u,v,k} = 0 \end{cases}$$

$$y_c = \begin{cases} 1 & \text{客户 } c \text{ 的所有需求 } q(c) \text{ 全部满足, } \forall c \in C \\ 0 & \text{客户 } c \text{ 的所有需求 } q(c) \text{ 没有全部得到满足, } \forall c \in C \end{cases}$$

$$\min\left\{ \sum_{(u,v,k) \in E} x_{uvk} \cdot Z(u,v) + \sum_{c \in C} [q'(c) \cdot \beta_2 + (1 - y_c) \cdot \beta_1] \right\} \tag{4-1}$$

Subject to：

$$\sum_{(u,v,k) \in E} x_{uvk} \cdot w_u > Rt(k) \tag{4-2}$$

$$\sum_{v \in \Delta^+(S)} x_{Svk} = 1 \tag{4-3}$$

$$\sum_{u \in \Delta^-(E)} x_{uEk} = 1 \tag{4-4}$$

$$\sum_{u \in \Delta^-(v)} x_{uvk} - \sum_{u \in \Delta^+(v)} x_{vuk} = 0 \qquad \forall v \in C^G \cup D^G, \; \forall k \in K \tag{4-5}$$

$$\sum_{k \in K} \sum_{v \in \Delta^+(u)} x_{uvk} \leq 1 \qquad \forall u \in C^G \tag{4-6}$$

$$\sum_{k \in K} \sum_{v \in \Delta^+(u)} x_{uvk} \leq 1 \qquad \forall u \in D^G \tag{4-7}$$

$$\sum_{k \in K} \sum_{v \in \Delta^+(C_{i,j+1})} x_{C_{i,j+1},v,k} - \sum_{k \in K} \sum_{v \in \Delta^+(C_{i,j})} x_{C_{i,j},v,k} \leq 0$$
$$\forall i \in \{1, \cdots, n\}, \qquad \forall j \in \{1, \cdots, n(C_i) - 1\} \tag{4-8}$$

$$q(C_i) - \sum_{k \in K} \sum_{u \in C_i^G} \sum_{v \in \Delta^+(u)} x_{uvk} \cdot q(k) = q'(C_i) \qquad \forall i \in \{1, \cdots, n\} \tag{4-9}$$

$$\sum_{k \in K} \sum_{u \in C_i^G} \sum_{v \in \Delta^+(u)} x_{uvk} \cdot q(k) \geq q(C_i) \cdot y_{C_i} \quad \forall i \in \{1, \cdots, n\} \tag{4-10}$$

$$-M \cdot (1 - x_{uvk}) + S(u) + t(u,v) \leq w_v - w_u \quad \forall(u,v,k) \in E \tag{4-11}$$

$$M \cdot (1 - x_{uvk}) + \gamma + S(u) \geq w_v - w_u \qquad \begin{array}{l} \forall(u,v,k) \in E \\ u \in D^G, v \in C^G \end{array} \tag{4-12}$$

$$w_u \geq a(u) \qquad \forall u \in C^G \cup D^G \tag{4-13}$$

$$w_u \leq b(u) \qquad \forall u \in C^G \cup D^G \tag{4-14}$$

$$w_{C_{i,1}} \leqslant b'(u) \qquad \forall i \in \{1, \cdots, n\} \qquad (4\text{-}15)$$

$$w_{C_{i,j+1}} - w_{C_{i,j}} \geqslant tl_{\min}(C_i) \qquad \begin{array}{l} \forall i \in \{1, \cdots, n\}, \\ \forall j \in \{1, \cdots, n(C_i) - 1\} \end{array}$$

$$(4\text{-}16)$$

$$w_{C_{i,j+1}} - w_{C_{i,j}} \leqslant tl_{\max}(C_i) \qquad \begin{array}{l} \forall i \in \{1, \cdots, n\}, \\ \forall j \in \{1, \cdots, n(C_i) - 1\} \end{array}$$

$$(4\text{-}17)$$

$$w_{D_{i+1}} - w_{D_i} \geqslant tl_{\min}(D) \qquad \forall j \in \{1, \cdots, n(D) - 1\} \qquad (4\text{-}18)$$

$$x_{uv} \in \{0, 1\} \qquad \forall (u, v) \in E \qquad (4\text{-}19)$$

$$w_u \in T \qquad \forall u \in C^G \cup D^G \qquad (4\text{-}20)$$

$$y_c \in \{0, 1\} \qquad \forall c \in C \qquad (4\text{-}21)$$

式(4-1)作为模型的目标函数，用于最大化满足客户需求的同时最小化调度过程中车辆的运输费用，$\beta_1(c)$ 和 $\beta_2(c)$ 分别用于惩罚没有完全满足用户需求的调度策略和没有完成的客户需求量。

式(4-2)~式(4-21)为模型的约束函数，下面给出了不同约束函数在模型中的意义。约束(4-2)表示任意一辆罐车在搅拌站开始装载混凝土的时间都必须大于这辆罐车的可以开始工作时间。其中 $Rt(k)$ 表示任意罐车 $k \in K$ 的在调度时刻的可以开始工作的时间。约束(4-3)和约束(4-4)表示每辆罐车都只能从开始节点发出一次，并只能返回结束节点一次。约束(4-5)表示搅拌站节点或客户节点的出度或入度的平衡，当有车辆到达节点 v 装载或卸载其必须离开该节点去服务客户，或返回搅拌站。约束(4-6)表示每个客户作业至多只能被完成一次。约束(4-7)表示每个搅拌站节点只能装载一次，这是由搅拌站不能同时装载两辆罐车决定的。约束(4-8)表示对于任意客户其第 $j+1$ 次作业只有在 j 次作业完成后才能完成。也就是说同一客户的作业应该顺序完成。约束(4-9)用来计算客户有多少需求量没有被满足。约束(4-10)表示如果客户 i 的所有需求没有被满足时 y_{C_i} 取值为 1，否则取值为 0。约束(4-11)保证在运输混凝土的车辆在 $w_u + S(u)$ 时刻从搅拌站出发，能在 w_v 时刻前到达施工现场，其中 M 是一个很大的正数。约束(4-12)用来保证混凝土在车辆中停留的时间不会超出混凝土特性所决定的混凝土初凝时间 γ。约束(4-13)和约束(4-14)保证到达节点 u 的时间在其定义的工作时间窗之内。约束(4-15)保证客户的第一次作业开始时间不会晚于其定义的最晚开始时间。约束(4-16)和约束(4-17)是用来保证连续两次作业到达时间间隔在客户指定的范围内，既要满足连续生产又要使得作业到来间隔一定的时间。约束(4-18)是搅拌站生产率约束，与约束(4-7)一起来保证在搅拌站不会同时有两辆罐车被装载。约束(4-19)至约束(4-21)定义了模型中变量的定义域。

4.2　需求动态性的度量

在动态需求到来时需要度量需求的动态性水平，根据动态性水平确定使用哪一种重调度方法，尽量不影响原调度计划的执行。无论哪种类型的动态需求都包含一个需求开始时间窗。当客户的动态需求是取消 r 次作业，可以直接由原调度计划计算这种动态需求的开始时间窗 $[a(C_i) = w_{C_i, (n(C_i)-r)} + S(C_i) + tl_{\min}(C_i)$，$b'(C_i) = w_{C_i, (n(C_i)-r)} + S(C_i) + tl_{\max}(C_i)]$。如果客户的动态需求是增加 r 次作业，则开始时间窗为 $[a(C_i) = w_{C_i, (n(C_i))} + S(C_i) + tl_{\min}(C_i)$，$b'(C_i) = w_{C_i, (n(C_i))} + S(C_i) + tl_{\max}(C_i)]$。如果动态需求是新到来的客户需求，则开始时间窗就是客户指定的 $[a(C_i)，b'(C_i)]$。下面分别根据这三种类型的动态需求度量动态性水平。

4.2.1　客户取消作业

假设客户 C_i 要取消 r 次作业，这 r 次作业必定是客户 C_i 的最后 r 次作业，可以从原调度方案得到这 r 次作业的拟开始装载时间为 $w_{u, n(C_i)}$，$w_{u, (n(C_i)-1)}$，…，$w_{u, (n(C_i)-r+1)}$，而且这 r 次作业中拟最早装载时间为 $w_{u, (n(C_i)-r+1)}$。如果原调度方案中有其他客户作业的装载时间 $w_{u, C_{jp}}$（其中 C_{jp} 表示客户 j 的第 p 次作业）大于等于 $w_{u, (n(C_i)-r+1)}$，则表示原方案中完成这 r 次作业的罐车可以为其他客户作业服务，表明客户 C_i 的这次动态需求会影响原方案车辆流。否则，客户 C_i 的这次动态需求将不会影响原方案车辆流，原方案继续执行并从原调度方案中删除这 r 次作业，如式(4-22)所示。

$$\begin{cases} w_{u, C_{jp}} \geq w_{u, (n(C_i)-r+1)} & \text{影响车辆流} \\ w_{u, C_{jp}} < w_{u, (n(C_i)-r+1)} & \text{不影响车辆流} \end{cases} \quad \begin{matrix} \forall C_j \in C, p \in 1, \cdots, n(C_j), \\ j \neq i \end{matrix}$$

$$(4\text{-}22)$$

4.2.2 客户增加作业

当客户需求是增加作业时，计算得到新增作业开始时间窗以及客户的连续卸载时间间隔、罐车卸载服务所需时间等需求数据，将该客户的新增作业当作新到来的客户需求，按照新到来客户需求的方式度量动态性水平，并判断采用哪种重调度方法。

4.2.3 新客户需求

动态需求是新客户提出需求，那么不仅要判断这种动态需求是否影响原方案的车辆流，还需判断这种动态需求是否影响原方案的搅拌站装载时序。为了充分度量新客户需求的动态性，将客户的动态需求分成每次作业来考虑。首先根据新客户 C_i 的开始时间窗和需求作业次数得到任意一次作业 j 的可能开始卸载的时间范围，如式（4-23）所示，记作 $[Ust(C_{i,j}), Uet(C_{i,j})]$，然后根据 $[Ust(C_{i,j}), Uet(C_{i,j})]$ 计算得到完成作业 j 的罐车在施工现场的开始装载时间范围，如式（4-24）所示，记作 $[Lst(C_{i,j}), Let(C_{i,j})]$，其中 V_{aver} 是罐车的平均行驶速度。

$$\begin{cases} Ust(C_{i,j}) = a(C_i) + (j-1) \cdot (tl_{min}(C_i) + S(C_i)) \\ Uet(C_{i,j}) = b'(C_i) + (j-1) \cdot (tl_{max}(C_i) + S(C_i)) \end{cases} \quad \forall j \in 1, \cdots, n(C_i)$$

$$(4\text{-}23)$$

$$\begin{cases} Lst(C_{i,j}) = Ust(C_{i,j}) - Dis(C_i)/V_{aver} - S(D) \\ Let(C_{i,j}) = Uet(C_{i,j}) - Dis(C_i)/V_{aver} - S(D) \end{cases} \quad \forall j \in 1, \cdots, n(C_i)$$

$$(4\text{-}24)$$

根据原调度计划可以得到在时间范围 $[Lst(C_{i,j}), Let(C_{i,j})]$ 内已经使用的搅拌站节点数，记作 $UsD(C_{i,j})$，然后由式（4-25）计算作业 j 在这个时间范围可使用的搅拌站节点数，记作 $AvD(C_{i,j})$，$AvD(C_{i,j}) \geq 1$ 表示时间范围 $[Lst(C_{i,j}), Let(C_{i,j})]$ 内，作业 $C_{i,j}$ 有可用的搅拌站装载时间，并且在这个时间范围内罐车装载，并运输至施工现场，罐车不会在施工现场等待太长的时间。如果 $AvD(C_{i,j}) < 1$，则表示在这个时间范围内没有可用搅拌站节点为作业 $C_{i,j}$ 服务，那么要完成这次作业，必须更早地为这次作业装载，这样的话完成这次作业的罐车将在搅拌站等待较长的时间，也就表明客户的动态需求影响

原调度方案。判断新到来的客户需求是否影响原调度方案主要就是判断在一定的时间范围内，是否有可用的搅拌站装载时间以完成客户作业，如式(4-26)所示。

$$AvD(C_{i,j}) = [(Let(C_{i,j}) - Lst(C_{i,j}))/tl_{\min}(D)] - UsD(C_{i,j})$$

$$\forall j \in 1, \cdots, n(C_i) \tag{4-25}$$

$$\begin{cases} \min\{AvD(C_{i,1}), AvD(C_{i,2}), \cdots, AvD(C_{i,n(C_i)})\} \geqslant 1 \\ \qquad C_i \text{ 的需求不影响原装载时序} \\ \min\{AvD(C_{i,1}), AvD(C_{i,2}), \cdots, AvD(C_{i,n(C_i)})\} < 1 \\ \qquad C_i \text{ 的需求影响原装载时序} \end{cases} \tag{4-26}$$

如果某个新客户需求影响原方案的搅拌站装载时序那么，这个客户需求也必然影响原方案的车辆流，否则由式(4-22)判断新客户需求是否影响原车辆流。当有动态需求影响原车辆流时，需要在限定的时间内尽快完成重调度，并及时让所有罐车执行新的调度计划。

4.2.4　动态需求的度量

客户需求的动态变化主要包含需求量和需求时间两个方面的信息，当需求时间很紧迫时，需要及时进行重调度，否则可以稍缓一些进行重调度，以等待更多的动态需求到来。当需求量的变化很大时，及时调整原调度策略可以有效节省运营成本，例如：当某个客户取消多次作业，则原调度计划中使用的车辆数可以减少。因此，确定动态调度的时刻要结合考虑原调度计划特点，以及动态需求的需求量、需求时间、罐车循环周期等参数。

客户需求的动态性水平，主要由两个方面来决定。一方面是最晚开始时间窗内可用搅拌站节点的数目，这里最晚的意思是不考虑罐车在搅拌站等待卸载的时间。另一方面是整个作业期间可用搅拌站节点的数目。由这两个指标来度量新增客户需求的动态性水平，可以全面考察客户需求的特点，以及与原调度计划冲突的水平，由此度量值可以更好的确定重调度的开始时刻。下面介绍如何确定这两个指标以及动态性水平的度量。

指标 1：由模型的约束(4-8)可以知道，任意客户的作业必须按顺序完成，也就是说只有客户的第一次作业完成后才能按顺序完成其他的作业。而客户的第一次作业是否能被完成，主要是看有没有可用的搅拌站时间来为该客户装载混凝土，以及有没有可用的车辆来为客户的第一次作业服务。由客户与搅拌站的距离、车辆的平均运输速度，以及客户第一次作业的开始时间窗可以确定客户 C_i 第一次作业的最晚开始时间范围 $[st_1(C_i)，st_2(C_i)]$，如式（4-27）所示。根据客户 $C_i \in C$ 的最晚开始时间范围，以及原调度计划中该时间范围内的已经使用节点数（记作 $Os(D)$）可以知道在该时间范围内的可使用搅拌站节点数指标（记作：$S_{avial}(D)$），如式（4-28）所示。实验所用实例 1 新增客户 C_5 的最晚开始时间范围示意图如图 4-3 所示，从图中可以看到 $st_1(C_5) = 8:45$，$st_2(C_5) = 9:05$，$Os(D) = 4$，通过计算可以得到 $S_{avial}(D) = 0.8$。

$$\begin{cases} st_1(C_i) = a(C_i) - dis(C_i)/V_{aver} - S(D) \\ st_2(C_i) = b'(C_i) - dis(C_i)/V_{aver} - S(D) \end{cases} \quad (4\text{-}27)$$

$$S_{avial}(D) = Os(D)/[(st_2(C_i) - st_1(C_i))/tl_{min}(D)] \quad (4\text{-}28)$$

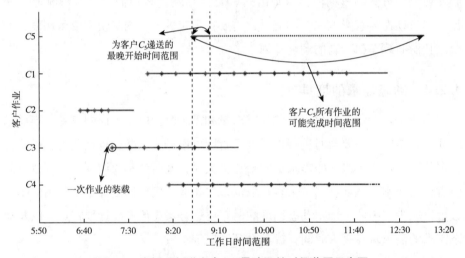

图 4-3　实例 1 新增客户 C_5 最晚开始时间范围示意图

指标 2：在新增客户的整个作业完成时间范围内，如果可以使用的搅拌站节点较少，那么最好将重调度的开始时间提前，这样可以在更大的时间范围内为新增客户寻找可用的搅拌站节点。对于任意新增客户不考虑为第一次作业服务的罐车在施工现场的等待时间，那么新增客户的整个作业完成时间范围可以由式（4-29）确定，其中 $et(C_i)$ 是客户 $C_i \in C$ 的最晚完成时间。根据客户整个作业的完成时间范围和原调度计划在该时间范围内已经使用的搅拌站节点数（记作：$OA(D)$）可以得到该新增客户 C_i 在整个调度时间范围内搅拌站节点的使用指标（记作 $A_{avial}(D)$）如式（4-30）所示。实验所用实例 2 中新增客户 C_5 的整个作业的完成时间范围示意图如图 4-4 所示，从图中可以看到 $st_1(C_5)=$ 8:45，$et(C_5)=12:58$，$OA(D)=23$，通过计算可以得到 $A_{avial}(D)=0.36$。

$$[st_1(C_i),\ et(C_i)]=[st_1(C_i),\ b'(C_i)+q(C_i)/q(K)\cdot(S(C_i)+tl_{max}(C_i))]$$
$$(4\text{-}29)$$

$$A_{avial}(D)=1-OA(D)/[et(C_i-st_1(C_i))/tl_{min}(D)] \qquad (4\text{-}30)$$

　　根据已经得到的指标 1 和指标 2，将新增客户的动态性度量定义为 $Dy(C_i)=(\lceil S_{avial}(D)\rceil+A_{avial}(D))/2$，其中 $\lfloor\cdot\rfloor$ 表示下取整，也就是说如果新增客户的最晚开始时间窗内有可用的搅拌站节点，那么在度量客户的动态性时将不考虑指标 1，这是因为在执行我们的优化算法时只要有可用的搅拌站节点，就一定能为客户的第一次作业找到为其服务的搅拌站节点。动态性指标越大表明重调度的开始时刻越需要提早开始，否则可以晚一些开始以等待更多地客户动态需求的到来，使得整个调度过程中重调度的次数和因重调度产生的费用减少。

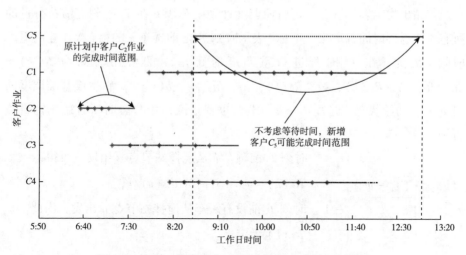

图 4-4　实例 2 新增客户 C_5 整个作业完成时间示意图

4.3　时刻 T_t 系统状态的描述

　　在重调度过程中，需要根据时刻 T_t 系统的状态更新预拌混凝土罐车调度的静态模型，在这里定义时刻 T_t 系统的状态由三元组 $Sta(T_t)=$

$\{VS(T_t)$，$CS(T_t)$，$DS(T_t)\}$ 描述。其中 $VS(T_t)$ 表示 T_t 时刻罐车的状态 $VS(T_t) = \{k$，$Rt(k)\}$，其中 k 表示是哪一辆罐车，$Rt(k)$ 表示在时刻 T_t 罐车 k 的可以开始工作的时间。确定罐车的状态，主要是得到在时刻 T_t 之后罐车的可用时间，只有知道了每辆罐车的可用时间，才能在重调度时给罐车分配任务。如图 4-5 所示，在任意时刻 T_t，罐车可能的位置有 5 种：位置 1，罐车在搅拌站停留等待装载混凝土，这时罐车处于空闲状态，在时刻 T_t 直接可用；位置 2，罐车已经开始为某个客户服务，正在搅拌站完成装载混凝土的操作；位置 3，罐车已经完成在搅拌站的操作，正在前往施工现场的路上或正在施工现场等待卸载混凝土；位置 4，罐车正在施工现场卸载混凝土；位置 5，罐车已经完成卸载，离开施工现场正在返回搅拌站的途中。当研究中加入运输时间随机、卸载时间不确定等随机因素时，需要根据罐车所处的不同位置作不同的处理。为了确定每辆罐车在重调度时的可用时间，首先需要知道在时刻 T_t 之前，罐车都为哪些客户作业服务。由公式（4-31）可知哪些罐车在时刻 T_t 之前从搅拌站出发为客户服务，可将原调度计划中车辆 k 在 T_t 时刻之前执行过的所有作业返回时间都取出，下标 i 表示时刻 T_t 之前罐车 k 的第 i 次作业的返回时间。因此，在 T_t 时刻进行重调度时罐车 k 的可用时间为 $Rt(k) = \max\{Rt_1(k)$，$Rt_2(k)$，$\cdots$，$Rt_i(k)$，$\cdots$，$Rt_n(k)$，$b(D)\}$。在生成基准调度的时刻 T_0，初始状态 $VS(T_0) = \{k$，$0\}$，也就是说初始状态时所有罐车都直接可用。

$$\frac{x_{uvk} \cdot (T_t - w_u)}{|w_u - T_t|}\begin{cases} 1 & \text{时刻 } T_t \text{ 前罐车 } k \text{ 从搅拌站节点 } u \text{ 出发，可得} \\ & Rt_i(k) = w_v + S(v) + dis(v)/V_{\text{aver}} \\ -1 & \text{时刻 } T_t \text{ 前没有罐车从搅拌站节点 } u \text{ 出发，因此} \\ & Rt_i(k) \text{ 无定义。} \end{cases}$$

$$(4\text{-}31)$$

在系统状态中 $CS(T_t) = \{C_i$，$q(C_i)$，$[S_t(C_i)$，$E_t(C_i)]\}$ 表示在时刻 T_t 客户状态。其中 C_i 表示第 i 个客户，$q(C_i)$ 表示在时刻 T_t 之后客户 C_i 还需要的混凝土数量，$[S_t(C_i)$，$E_t(C_i)]$ 表示时刻 T_t 之后客户 C_i 需要调度的作业开始时间窗。如图 4-6 所示，有一个客户需要 6 次作业，当前时刻 T_t 该客户的作业 1 已经开始，可以知道如果在 T_t 时刻重调度结束，并及时通知所有车辆执行重调度的结果，可以满足该客户的第 2~6 次作业的开始时间要求，在 T_t 时刻客户需调度作业的开始时间窗就是作业 2 的开始时间窗。对于任意客户 C_i 在 T_t 时刻还需的混凝土数量通过式(4-32)计算，其中 $q^-(C_i)$ 表示上一次调度时客户的混凝土需求量。客户状态中还需调度作业的开始时间窗由式(4-33)及式(4-34)决定，其中 J 表示客户还需要的作业数。在 T_t 时刻执行重调度时客户 C_i 的开始时间窗 $[a(C_i), b'(C_i)] = [S_t(C_i), E_t(C_i)]$。在 T_0 时刻，客户的初始状态就是客户的相关需求数据 $CS(T_0) = \{c, q(c), [a(c), b'(c)]\}$，$c \in C$。

$$q(C_i) = q^-(C_i) - \sum_{k \in K} \sum_{u \in \Delta^-(v)} \sum_{v \in C_i^G} x_{uvk} \cdot q(K)$$

$$\forall v \in C_i^G, \sum_{k \in K} \sum_{u \in \Delta^-(v)} x_{uvk} \cdot w_u < T_t \tag{4-32}$$

$$S_t(C_i) = w_{C_i, (n(C_i)-J)} + S(C_i) + tl_{\min}(C_i) \quad \forall C_i \in C, J = \lceil q(C_i)/q(k) \rceil \tag{4-33}$$

$$E_t(C_i) = w_{C_i, (n(C_i)-J)} + S(C_i) + tl_{\max}(C_i) \quad \forall C_i \in C, J = \lceil q(C_i)/q(k) \rceil \tag{4-34}$$

当知道客户状态后，在 T_t 时刻进行重调度时，这些客户在重调度时都将作为新的客户，和动态到来的客户需求一起参与重调度过程。系统状态中 $DS(T_t) = \{T_{up}\}$ 表示在时刻 T_t 搅拌站状态，其中 T_{up} 就表示当前的重调度时刻。在我们的研究中是将搅拌站任意一次可能的装载都作为节点加入到网络流模型中。因此，在任意时刻 T_t 进行重调度时，G 中可用搅拌站的节点为 $D^G = \{D_1, \cdots, D_{T_t(D)}\}$，其中 $T_t(D) = \lceil (b(D) - T_{up})/tl_{\min}(D) \rceil$。在 T_0 时刻，搅拌站的初始状态 $DS(T_0) = \{a(D)\}$。

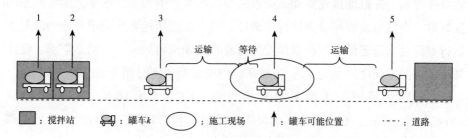

图4-5　时刻 T_t 罐车可能位置

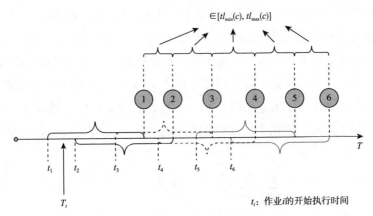

t_i：作业i的开始执行时间

图 4-6 时刻 T_t 客户作业状态示意图

4.4 调度时刻 T_t 的确定

确定动态调度的时刻需要同时考虑客户需求变化的时间，以及执行重调度算法所需时间。假设搅拌站接收到客户动态需求的时刻为 T_t（该时刻也就是当前时刻），重调度算法执行所需平均时间为 T_c，这个时间与所采用的算法和问题规模相关，本书采用快速调度算法对预拌混凝土罐车的重调度问题进行优化，因此，可以预先执行多次以得到算法的平均执行时间。

在接收到新增客户的动态需求时计算新增客户的重调度时刻为 $T_{t1} = (st_2(C_i) - t_c) - [(st_2(C_i) - t_c) - T_r] \cdot Dy(C_i)$，其中 $st_2(C_i) - t_c$ 是进行重调度的最晚时刻，并根据接收到动态需求的时刻和客户的动态性水平，确定动态调度时刻。也就是说要尽量少执行重调度，只有在最接近客户需求开始的时刻才执行重调度。当还没有执行重调度的这段时间如果再到来一个动态需求，经计算该需求的重调度时刻为 T_{t2}，这时系统将确定重调度时刻为 $\min\{T_{t1}, T_{t2}\}$。

任意客户动态需求的最早开始时刻 $a(C_i)$ 必须满足 $T_r < a(C_i) - dis(C_i)/V_{aver} - t_c$，也就是说，客户指定的最早开始时刻，必须能够满足重调度时间要求，否则将无法执行该客户的需求。

4.5　客户重调度原则

在进行某次重调度时，如果上一次调度计划中含有 n 个客户，则在本次调度时，应该优先满足这 n 个客户的作业，然后再为新增的客户安排搅拌站时间节点和车辆。这样可以在不影响原来客户的同时寻找为新增客户服务的最优结果。

4.6　快速混合启发式算法

在混凝土罐车重调度时，算法的执行时间也是影响重调度结果的一个因素，算法执行时间越短就更能快速及时地响应客户动态需求，也能更多地处理随机到来的动态需求。在第 2 章、第 3 章提出的算法可以得到较优的调度结果，但算法执行时间较长，因此，本章提出一种快速混合启发式算法，用来优化得到客户需求动态变化时的重调度方案。

本章提出的快速混合启发式算法的基本思想是将复杂的预拌混凝土罐车调度问题，转化成每次只处理有限个作业的简单问题的组合。在预拌混凝土罐车调度过程中，需要为每个客户的作业安排可用搅拌站节点时间和可用罐车，并最大化完成作业数，最小化罐车的运营费。搅拌站节点的可用时间受到搅拌站装载率的限制，也就是受到搅拌站连续的两次装载之间最少间隔 $tl_{\min}(D)$ 的限制，假设 n 次作业连续在搅拌站装载的时间为 w_{u1}, w_{u2}, $\cdots$, w_{ui}, $\cdots$, w_{un}，则任取 $i \neq j$，w_{ui} 和 w_{uj} 需要满足 $|w_{uj} - w_{ui}| \geqslant tl_{\min}(D)$。如果一次性为所有客户作业寻找可用搅拌站节点时间，并保证费用最小，是比较费时的，不适合混凝土罐车的重调度过程中及时响应动态性问题。因此，在本章中，笔者提出了一种可以快速对预拌混凝土罐车进行调度的快速混合启发式算法。

首先根据搅拌站的装载率限制，将搅拌站的每次可能的装载时间全部固定。也就是根据搅拌站的开始工作时间 $a(D)$、结束工作时间 $b(D)$，将搅拌站的所有可以装载时间点固定为 $a(D)$, $a(D) + tl_{\min}(D)$, $\cdots$, $a(D) + m \cdot tl_{\min}(D)$，其中 $m = [(b(D) - a(D))/tl_{\min}(D)]$。然后，应用提出的混合启发式算法，每一次只处理每个客户的一次作业，得到的调度结果表示为每次作业的开始装载时间和开始卸载时间组成的时间对（记作$<w_{ui}, w_{vi}>$）。例如，有 n 个客户，则每一次分别取出客户 C_1，…，C_n 的第 i 次作业进行处理，$i \leqslant \max(n(C_1), n(C_2), \cdots, n(C_n))$，当客户 C_j 的需求作业数 $n(C_j)$ 小于 i 时则表示客户 C_j 的作业已经全部安排。

4.6.1 预处理

算法每次执行都需要取出每个客户的一次作业，在取出每个客户的一次作业后，需要对这次取出的客户作业进行预处理。预处理的目的是为取出的作业指定开始卸载时间范围（Et_1，Et_2）。如图 4-7 所示，对于客户 C_i 的一次作业，$St_1(C_i)$、$St_2(C_i)$ 分别表示不考虑罐车在搅拌站的等待时间时，这次作业的最早开始装载时间和最晚开始装载时间。$Et_1(C_i)$、$Et_2(C_i)$ 分别表示这次作业的最早开始卸载时间和最晚开始卸载时间与 $St_1(C_i)$、$St_2(C_i)$ 的关系如式（4-35）所示。$REt(C_i)$ 表示经过优化得到的本次作业实际开始卸载时间，$RSt(C_i)$ 是由 $REt(C_i)$ 计算得到的本次作业不考虑在搅拌站等待的开始装载时间，如式（4-36）所示。

图 4-7　一次作业开始时间示意图

$$\begin{cases} Et_1(C_i) = St_1(C_i) + dis(C_i)/V_{aver} + S(C_i) \\ Et_2(C_i) = St_2(C_i) + dis(C_i)/V_{aver} + S(C_i) \end{cases} \tag{4-35}$$

$$REt(C_i) = RSt(C_i) + dis(C_i)/V_{aver} + S(C_i) \tag{4-36}$$

对于客户 C_i，如果取出的作业 j 是客户 C_i 的第一次作业则 $Et_1(C_i) = a(C_i)$，$Et_2(C_i) = b'(C_i)$，否则 $Et_1(C_i) = w_{v,(j-1)} + S(C_i) + tl_{min}(C_i)$，$Et_2(C_i) = w_{v,(j-1)} + S(C_i) + tl_{max}(C_i)$。其中 $w_{v,(j-1)}$ 是客户 C_i 的第 $j-1$ 次作业在搅拌站开始卸载的时间。

4.6.2 算法描述

本章提出的快速混合算法主要思想是 n 个客户作业完成时间范围的交叉区

域越小，占用的搅拌站资源和车辆资源就越少，能够完成更多的客户作业，并且算法执行过程中要保证车辆的运营费用最小。这样就能使得车辆数有限的条件下，尽量多地完成客户作业，并最小化车辆的运营费用。图 4-8 表示 4 个客户作业在不考虑在搅拌站等待时间时的完成时间范围，本算法的目标是为这 4 个客户作业指定开始卸载时间和在搅拌站的装载时间，使得这 4 个客户作业的完成时间范围交叉区域最小化。具体算法如算法 4-1 所示。

算法 4-1　快速混合启发式算法描述

步骤 1	将搅拌站节点时间固定，并设置 $j=1$。
步骤 2	取出每个客户 C_1，C_2，$\cdots$，C_n 的第 j 次作业。对任意客户 C_i 如果 $j>n(C_i)$ 表示客户 C_i 的作业已经全部安排，不再处理客户 C_i 的作业。
步骤 3	对步骤 2 选择出的 $m(m \leqslant n)$ 次作业进行预处理，得到每个作业的开始时间范围 $[Et_1，Et_2]$。
步骤 4	执行相交区域最小化子算法，得到步骤 2 选择出的 m 个作业的 $REt(C_i)$ 和 $RSt(C_i)$。
步骤 5	执行选择搅拌站节点过程，分别得到为这 m 次作业服务的搅拌站节点 w_u，将得到的 m 个时间对 $<w_u，w_v>$ 插入调度结果，对于任意一个客户 C_i，$w_v = REt(C_i)$。
步骤 6	设置 $j=j+1$，重复执行步骤 2 到步骤 5，直到所有客户作业都安排结束。
步骤 7	根据得到的解，执行车辆排程过程并计算目标值。
步骤 8	返回得到的调度结果序列，车辆流数据和目标值。

4.6.3　相交区域最小化子算法

在混合启发式算法步骤 4 中，相交区域最小化子算法的目的是指定取出的 m 次作的开始卸载时间 $REt(C_i)$ 并保证这 m 个客户的作业完成时间范围的相交区域最小。相交区域最小化的数学模型如下，决策变量是 $REt(C_i)$。

$$\min \sum_{i \in N} \sum_{l > i} \min\{EAt(C_i)，EAt(C_l)\} - \max\{RSt(C_i)，RSt(C_l)\} \tag{4-37}$$

$$REt(C_i) \leqslant Et_2(C_i) \qquad\qquad \forall C_i \in C \tag{4-38}$$

$$REt(C_i) \geqslant Et_1(C_i) \qquad\qquad \forall C_i \in C \tag{4-39}$$

$$REt(C_i) = RSt(C_i) + dis(C_i)/V_{aver} + S(C_i) \qquad \forall C_i \in C \tag{4-40}$$

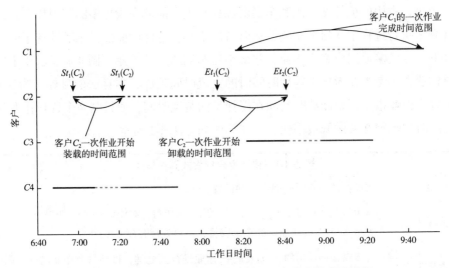

图4-8 客户 C_1、C_2、C_3、C_4 进行一次作业的完成时间

$$EAt(C_i) = REt(C_i) + S(C_i) + (n(C_i) - j) \cdot (S(C_i) + tl_{min}(C_i)/2 + tl_{max}(C_i)/2)$$
$$\forall C_i \in C, \; j \leqslant n(C_i)$$
$$(4\text{-}41)$$

式(4-37)是模型目标,表示从第 j 次作业开始,不同客户的平均完成时间范围的相交区间最小化。式(4-38)和式(4-39)是决策变量 $REt(C_i)$ 的取值范围。式(4-40)表示 $REt(C_i)$ 与 $RSt(C_i)$ 的关系。式(4-41)中 $REt(C_i)$ 表示客户 C_i 在第 j 次作业开始卸载时间是 $REt(C_i)$ 时平均完成所有作业的时间。其中 $n(C_i)-j$ 表示客户 C_i 还没有安排的作业数,$S(C_i) + tl_{min}(C_i)/2 + tl_{max}(C_i)/2$ 表示客户 C_i 连续两次作业卸载时间间隔的平均值。从公式(4-41)可以看到,在优化时不仅考虑了每一次作业的完成时间范围,而且结合了客户需求量的多少,这样能更好地对混凝土罐车进行调度,保证最大化地完成客户作业。采用标准遗传算法对上述模型进行求解,相交区域最小化算法如算法4-2所示。

算法4-2 相交区域最小化算法

步骤1	初始化 pop_size 个个体,个体编码长度等于客户数,编码值表示为实值的 $REt(C_i)$。
步骤2	根据目标函数计算每个个体的目标值,并根据比率的方式计算每个个体的适应度。

（续表）

步骤 3	依据轮盘赌机制选择 pop_size 个个体，并保存历代最优结果。
步骤 4	根据交叉概率，对随机选取的两个个体进行单点交叉。
步骤 5	根据变异概率，对任意个体进行实值变异。
步骤 6	重复步骤 2 到步骤 5，直到个体平均适应度小于阈值。
步骤 7	返回最优结果。

4.6.4　选择搅拌站节点

在得到 m 个作业的 $REt(C_i)$ 后，需要根据 $REt(C_i)$ 为这 m 个作业选择可以使用的搅拌站节点。首先需要确定的是作业可以开始的时间范围，然后在这个时间范围内选择一个可用的搅拌站节点时间作为这次作业的开始装载时间点 w_u。具体步骤如程序 4-1 选择搅拌站节点过程所示。

程序 4-1　选择搅拌站节点过程

步骤 1	设置 $j=1$。
步骤 2	计算 C_j 的这次作业的可以开始时间范围 $[S_{time}, E_{time}]$，$S_{time} = REt(C_j) - \gamma$，其中 γ 是混凝土在罐车中的最大停留时间。$E_{time} = REt(C_j) - dis(C_j)/V_{aver} - S(D) = RSt(C_j)$。
步骤 3	选择时间范围 $[S_{time}, E_{time}]$ 内最接近 $RSt(C_j)$ 且未使用的搅拌站节 w_u。因为 $RSt(C_j)$ 是不考虑在搅拌站等待时间的最晚开始时间，所以这样选择的目的是最小化罐车在搅拌站的等待时间。
步骤 4	将得到的时间对 $<w_u, w_v>$ 插入调度结果序列，其中 $w_v = REt(C_j)$。
步骤 5	设置 $j=j+1$，重复执行步骤 2 到步骤 4，直到 $j>m$。

4.6.5　车辆排程过程

得到所有客户作业的调度结果序列后，需要为客户作业安排服务的罐车，过程如程序 4-2 车辆排程过程所示。

· 71 ·

	程序 4-2　　车辆排程过程
步骤 1	将客户作业的调度结果序列中的所有作业按照 w_u 从小到大的顺序排列。
步骤 2	从第一辆罐车 k 开始，按照步骤 1 中作业的顺序，查找第一个还没有插入车辆流中的作业 $<w_{ui}，w_{vi}>$，作为该车需要完成的第一次作业插入车辆 k 的车辆流中，记作 $<w_{u(k,s)}，w_{v(k,s)}>=<w_{ui}，w_{vi}>$，其中 s 指示该车辆的当前作业。如果没有这样的作业则表示所有客户作业都已经完成。
步骤 3	从车辆 k 的第一次作业位置 $<w_{u(k,1)}，w_{v(k,1)}>=<w_{ui}，w_{vi}>$ 开始，按照步骤 1 中作业的顺序，向后查找 $<w_{u(i+1)}，w_{v(i+1)}>$，如果第 $i+1$ 次作业已经插入到其他车辆流中，则继续向后查找第 $i+2$ 次作业，直到某次作业 j 还没有被插入到其他车辆流中，接着验证 $<w_{v(k,s)}，w_{uj}>$ 是否满足约束（4-11），如果不满足约束则继续向后查找第 $j+1$ 次作业，如果满足表示罐车 k 在完成第一次作业后可以及时返回搅拌站进行下一次装载，并为 j 次作业服务，则置 $<w_{u(k,s+1)}，w_{v(k,s+1)}>=<w_{uj}，w_{vj}>$，并置 $s=s+1$ 继续查找该车辆的下一次作业，直到循环完所有作业。
步骤 4	置 $k=k+1$ 重复步骤 2，步骤 3 直到所有车辆的车辆流全部完成插入。
步骤 5	查找已经插入完成的所有车辆流，如果有某客户 C_i 的第 j 次作业在车辆流中，也就是该作业被完成，但第 $j-1$ 次作业没有在车辆流中，则从车辆流中删除客户 C_i 的第 j 次作业，这是因为任意客户的作业必须顺序完成。
步骤 6	根据车辆流信息，可以得到有多少客户的需求没有得到完全满足，有多少客户作业没有完成。相应的可以计算出目标值第二个部分对未完成的客户作业的惩罚。任意车辆 k 的车辆流 $<w_{u(k,1)}，w_{v(k,1)}>，<w_{u(k,2)}，w_{v(k,2)}>，\cdots，<w_{u(k,e)}，w_{v(k,e)}>$ 都是由时间对序列表示的，根据车辆流完成目标值第一部分的计算。将这两部分的值相加得到调度结果的目标值。

4.7　实验结果及分析

　　应用上述重调度方法，以及快速混合启发式算法对问题实例进行优化，所使用的测试数据为实例 1 到实例 5，每个客户数据包含客户号，客户的需求量，施工现场与搅拌站的距离，客户作业最早开始时间 $a(c)$，客户工作最晚时间 $b(c)$，客户第一次作业的最晚开始时间 $b'(c)$，客户连续两次递送的最小时间间隔 $tl_{min}(c)$，客户连续两次递送的最大时间间隔 $tl_{max}(c)$，以及客户节点的服务所需时间 $S(c)$。表 4-1 中给出了搅拌站拥有车辆数 K，连续装载两次罐

车的最小时间间隔 $tl_{\min}(D)$，每辆车的装载量 $q(K)$ 及车辆在搅拌站所需服务时间 $S(D)$。在表 4-2 中，给出了需求动态变化数据，其中需求类型有三种，*Newly* 表示这是新到来的客户需求，*Add* 表示有客户需要增加混凝土的供应量，*Sub* 表示有客户需要减少混凝土的供应量。T_r 是客户动态需求的提出时间。$[a(c)，b'(c)]$ 是动态需求的开始时间窗，其中如果需求类型是 *Add* 或者 *Sub* 则需要用前一次的调度结果才能得到开始时间窗 $[a(c)，b'(c)]$ 的值。

表 4-1 产生基准调度计划时客户需求数据

	客户	需求量/m³	与搅拌站的距离/km	$a(c)$	$b(c)$	$b'(c)$	$tl_{\min}(c)/$ min	$tl_{\max}(c)/$ min	$s(c)/$ min
实例 1	1	90	22	8:00	16:00	8:30	5	10	9
	2	30	13	7:00	16:00	7:30	3	9	5
	3	38	9	7:30	15:00	7:50	6	13	12
	4	72	31	8:30	17:00	9:10	3	10	7
实例 2	1	66	32	9:00	17:00	9:20	4	9	8
	2	36	8	8:30	16:00	8:50	6	12	10
	3	43	9	7:30	15:00	7:50	5	10	16
	4	52	16	8:00	16:00	8:20	3	8	9
实例 3	1	102	13	7:30	17:00	7:50	3	7	7
	2	16	26	8:30	16:00	8:50	0	9	8
	3	32	11	9:30	15:00	9:50	6	13	9
实例 4	1	32	16	10:00	17:00	10:20	0	5	13
	2	38	18	9:30	16:00	9:50	6	10	11
	3	66	22	7:50	15:00	8:10	4	9	15
	4	23	9	8:20	17:00	8:40	0	6	8
	5	17	26	8:30	17:00	8:50	5	12	9
	6	29	15	7:30	16:00	7:50	3	10	13
实例 5	1	88	18	7:30	16:00	8:00	2	10	9
	2	21	23	9:30	12:00	9:50	0	5	8
	3	36	19	7:30	15:00	7:50	3	11	16

注：$k = 20$，$tl_{\min}(D) = 4$ min，$q(k) = 6$ m³，$S(D) = 6$ min

表 4-2　客户动态需求数据

	客户	变化量/作业数	距离/km	类型	T_r	$a(c)$	$b'(c)$	$tl_{min}(c)$/min	$tl_{max}(c)$/min	$s(c)$/min
实例1	1	6 m³/1	22	Add	10:40	12:35	12:40	5	10	9
	4	11 m³/1	31	Sub	10:30	11:49	11:56	3	10	7
	5	66 m³/11	23	Newly	8:00	9:20	9:40	4	8	10
	6	23 m³/4	18	Newly	8:30	9:50	10:20	4	11	9
实例2	1	5 m³/1	32	Sub	10:10	11:44	11:49	4	9	8
	2	12 m³/2	8	Add	9:30	10:08	10:14	6	12	10
	3	16 m³/3	9	Add	9:40	10:22	10:27	5	10	16
	5	36 m³/6	15	Newly	8:10	9:40	10:10	4	10	7
	6	26 m³/5	13	Newly	8:20	10:00	10:30	5	9	9
实例3	1	5 m³/1	13	Add	9:10	10:21	10:25	3	7	7
	4	96 m³	23	Newly	8:30	10:10	10:30	3	9	16
	5	22 m³	9	Newly	8:30	10:20	10:50	4	11	10
实例4	1	6 m³/1	16	Add	10:50	11:53	11:58	0	5	13
	2	5 m³/1	18	Add	11:00	11:56	12:00	6	10	11
	3	6 m³/1	22	Sub	10:30	11:12	11:17	4	9	15
	4	5 m³/1	9	Add	8:20	8:53	8:59	0	6	8
	6	5 m³/1	15	Add	8:20	8:50	8:57	3	10	13
	7	46 m³	11	Newly	8:40	9:50	10:20	3	8	9
实例5	1	6 m³/1	18	Add	9:30	10:26	10:34	2	10	9
	4	54 m³	26	Newly	8:00	9:00	9:20	4	8	10
	5	9 m³	8	Newly	8:10	9:30	9:50	2	9	13
	6	69 m³	17	Newly	9:20	10:30	10:50	0	13	18

4.7.1　执行结果

应用上面给出的 5 个实例对重调度进行测试，表 4-3 列出了重调度次数、执行重调度的时间点、取消的客户作业数、整个调度所使用的车辆数、所有车辆的总运输时间、所有车辆在搅拌站等待卸载的总时间、总目标值，以及算法执行所有总时间。

表 4-3　执行结果

实例	重调度次数	重调度时间点	取消的客户作业数/个	使用车辆数/辆	总运输和返程时间/min	总等待卸载时间/min	总目标值	总执行时间/s
1	2	$T_{t1}=8{:}48$ $T_{t2}=10{:}55$	2	20	3 330	86	19 588	15.342 4
2	3	$T_{t1}=8{:}53$ $T_{t2}=9{:}41$ $T_{t3}=11{:}41$	0	20	2 346	32.5	12 445.5	14.380 4
3	1	$T_{t1}=9{:}26$	0	11	2 346	23.5	7 916	8.329 0
4	3	$T_{t1}=8{:}20$ $T_{t2}=9{:}18$ $T_{t3}=11{:}09$	0	16	2 331	29.5	10 420.5	16.234 8
5	2	$T_{t1}=8{:}12$ $T_{t2}=9{:}48$	0	20	2 844	66	13 042	12.835 2

本书主要研究客户需求动态变化时的预拌混凝土罐车重调度问题，下面以给出实例 1 的调度结果，在实例 1 生成基准调度计划后进行了两次重调度，第一次重调度时新增了两个客户(客户 5，客户 6)的订单，第二次重调度时对原有的四个客户订单的动态需求进行处理。在表 4-4 中给出基准调度计划的车辆流数据，将每辆车的车辆流表示为链状结构。其中，使用车辆总数为 13，执行算法时间为 7.475 1 s，未完成作业数为 0，总运输时间(含返程)为 2 490 min，等待卸载总时间为 58.5 min。例如，表 4-4 中车辆 1 的车辆流，首先从开始节点 S 到达 D_{10} 搅拌站节点，装载后为客户 2 的第一次作业供应混凝土(C_2J_1 (7:00)，其中 7:00 表示本次作业的开始时间)，然后返回搅拌站，在搅拌站的 D_{24} 节点进行下一次装载，为客户 3 的第 2 次作业服务(C_3J_2(7:49))，一直到完成该车辆的所有作业后返回并停靠在搅拌站(P)。

表 4-4　实例 1 基准调度计划

车辆编号	行程
车辆 1	$S\text{-}D_{10}\text{—}C_2\,J_1$（7:00）$\text{—}D_{24}\text{—}C_3\,J_2$（7:49）$\text{—}D_{35}\text{—}C_4\,J_1$（9:06）$\text{—}D_{63}\text{—}C_4\,J_8$（10:58）$\text{—}P$
车辆 2	$S\text{-}D_{12}\text{—}C_2\,J_2$（7:08）$\text{—}D_{28}\text{—}C_3\,J_3$（8:07）$\text{—}D_{41}\text{—}C_1\,J_4$（9:17）$\text{—}D_{64}\text{—}C_1\,J_{10}$（10:49）$\text{—}D_{84}\text{—}C_1J_{15}$（12:09）$\text{—}P$
车辆 3	$S\text{-}D_{14}\text{—}C_2\,J_3$（7:16）$\text{—}D_{29}\text{—}C_1\,J_1$（8:29）$\text{—}D_{49}\text{—}C_1\,J_6$（9:49）$\text{—}D_{71}\text{—}C_4\,J_{10}$（11:30）$\text{—}P$
车辆 4	$S\text{-}D_{16}\text{—}C_2\,J_4$（7:24）$\text{—}D_{32}\text{—}C_3\,J_4$（8:25）$\text{—}D_{45}\text{—}C_1\,J_5$（9:33）$\text{—}D_{67}\text{—}C_4\,J_9$（11:14）$\text{—}P$
车辆 5	$S\text{-}D_{18}\text{—}C_2\,J_5$（7:32）$\text{—}D_{33}\text{—}C_1\,J_2$（8:45）$\text{—}D_{53}\text{—}C_1\,J_7$（10:05）$\text{—}D_{75}\text{—}C_4\,J_{11}$（11:46）$\text{—}P$
车辆 6	$S\text{-}D_{19}\text{—}C_3J_1$（7:30）$\text{—}D_{37}\text{—}C_1J_3$（9:01）$\text{—}D_{59}\text{—}C_4J_7$（10:42）$\text{—}P$
车辆 7	$S\text{-}D_{38}\text{—}C_3J_5$（8:45）$\text{—}D_{51}\text{—}C_4J_5$（10:10）$\text{—}D_{79}\text{—}C_4J_{12}$（12:02）$\text{—}P$
车辆 8	$S\text{-}D_{39}\text{—}C_4J_2$（9:22）$\text{—}D_{68}\text{—}C_1J_{11}$（11:05）$\text{—}P$
车辆 9	$S\text{-}D_{42}\text{—}C_3J_6$（9:03）$\text{—}D_{55}\text{—}C_4J_6$（10:26）$\text{—}P$
车辆 10	$S\text{-}D_{43}\text{—}C_4J_3$（9:38）$\text{—}D_{72}\text{—}C_1J_{12}$（11:21）$\text{—}P$
车辆 11	$S\text{-}D_{46}\text{—}C_3J_7$（9:21）$\text{—}D_{60}\text{—}C_1J_9$（10:33）$\text{—}D_{80}\text{—}C_1J_{14}$（11:53）$\text{—}P$
车辆 12	$S\text{-}D_{47}\text{—}C_4J_4$（9:54）$\text{—}D_{76}\text{—}C_1J_{13}$（11:37）$\text{—}P$
车辆 13	$S\text{-}D_{56}\text{—}C_1J_8$（10:19）$\text{—}P$

　　第一次重调度中，使用车辆总数为 13；算法执行时间为 7.475 1 s；未完成作业总数为 0；总运输时间（含返程）为 2 490 min；等待卸载总时间为 58.5 min。从表 4-5 中可以看到，在 8:48 进行第一次重调度时，客户 1 已经完成了 4 次作业，客户 2 的作业已经全部完成，客户 3 已经开始了 6 次作业，客户 4 已经开始了 3 次作业。并且重调度的结果是新增客户 6 有两次作业无法完成。为进一步验证如果更早的安排重调度时刻，客户 6 的所有作业需求能够被完全满足，指定重调度时刻为动态需求到来的时刻，重新执行算法对实例 1 进行优化，并对比结果。

　　表 4-5 列出了第一次重调度后的结果，表 4-6 列出了第二次重调度后的结果。

表 4-5　实例 1 第一次重调度结果

车辆编号	行程
车辆 1	$S\text{-}D_{61}\text{—}C_6J_2(10{:}32)\text{—}D_{79}\text{—}C_4J_{12}(12{:}02)\text{—}P$
车辆 2	$S\text{-}D_{63}\text{—}C_1J_{14}(10{:}45)\text{—}D_{84}\text{—}C_5J_{11}(12{:}10)\text{—}P$
车辆 3	$S\text{-}D_{49}\text{—}C_1J_6(9{:}49)\text{—}D_{69}\text{—}C_5J_7(11{:}10)\text{—}P$
车辆 4	$S\text{-}D_{44}\text{—}C_1J_5(9{:}31)\text{—}D_{65}\text{—}C_5J_6(10{:}54)\text{—}P$
车辆 5	$S\text{-}D_{54}\text{—}C_5J_3(10{:}10)\text{—}D_{75}\text{—}C_4J_{11}(11{:}46)\text{—}P$
车辆 6	$S\text{-}D_{57}\text{—}C_5J_4(10{:}24)\text{—}D_{80}\text{—}C_1J_{15}(11{:}55)\text{—}P$
车辆 7	$S\text{-}D_{50}\text{—}C_5J_2(9{:}54)\text{—}D_{71}\text{—}C_4J_{10}(11{:}30)\text{—}P$
车辆 8	$S\text{-}D_{66}\text{—}C_1J_{11}(10{:}59)\text{—}P$
车辆 9	$S\text{-}D_{55}\text{—}C_4J_6(10{:}26)\text{—}P$
车辆 10	$S\text{-}D_{70}\text{—}C_1J_{12}(11{:}13)\text{—}P$
车辆 11	$S\text{-}D_{46}\text{—}C_5J_1(9{:}38)\text{—}D_{67}\text{—}C_4J_9(11{:}14)\text{—}P$
车辆 12	$S\text{-}D_{47}\text{—}C_4J_4(9{:}54)\text{—}D_{73}\text{—}C_1J_{13}(11{:}27)\text{—}P$
车辆 13	$S\text{-}D_{48}\text{—}C_3J_7(9{:}25)\text{—}D_{59}\text{—}C_1J_9(10{:}31)\text{—}D_{80}\text{—}C_5J_{10}(11{:}54)\text{—}P$
车辆 14	$S\text{-}D_{51}\text{—}C_4J_5(10{:}10)\text{—}D_{77}\text{—}C_1J_{14}(11{:}41)\text{—}P$
车辆 15	$S\text{-}D_{52}\text{—}C_1J_7(10{:}03)\text{—}D_{76}\text{—}C_5J_9(11{:}38)\text{—}P$
车辆 16	$S\text{-}D_{56}\text{—}C_1J_8(10{:}17)\text{—}P$
车辆 17	$S\text{-}D_{58}\text{—}C_6J_1(10{:}19)\text{—}P$
车辆 18	$S\text{-}D_{59}\text{—}C_4J_7(10{:}42)\text{—}P$
车辆 19	$S\text{-}D_{60}\text{—}C_5J_5(10{:}38)\text{—}P$
车辆 20	$S\text{-}D_{63}\text{—}C_4J_8(10{:}58)\text{—}P$

使用车辆总数为 20；算法执行时间为 6.139 2 s；未完成作业总数为 2；总运输时间(含返程)为 3 375 min；等待卸载总时间为 89.5 min。

表 4-6　实例 1 第二次重调度结果

车辆编号	行程
车辆 1	$S\text{-}D_{83}\text{—}C_1J_{14}(12{:}05)\text{—}P$
车辆 2	$S\text{-}D_{90}\text{—}C_1J_{16}(12{:}35)\text{—}P$

（续表）

车辆编号	行程
车辆 4	$S\text{-}D_{87}\text{—}C_1J_{15}(12{:}21)\text{—}P$
车辆 6	$S\text{-}D_{79}\text{—}C_1J_{13}(11{:}49)\text{—}P$
车辆 9	$S\text{-}D_{80}\text{—}C_5J_{10}(11{:}54)\text{—}P$
车辆 14	$S\text{-}D_{76}\text{—}C_5J_9(11{:}38)\text{—}P$
车辆 15	$S\text{-}D_{84}\text{—}C_5J_{11}(12{:}10)\text{—}P$

第二次重调度中，使用车辆总数为 20；算法执行时间为 1.728 1 s；未完成作业总数为 2；总运输时间（含返程）为 3 330 min；等待卸载总时间为 86 min。

4.7.2　结果分析

指定每次重调度的时刻为客户需求动态提出的时刻，对实例 1 重新进行优化，结果见表 4-7。从表 4-7 可以看到客户 6 仍然有两次作业无法完成，得到的目标值与前面得到的目标值基本一致，但是算法执行所需时间却要多。而且采用这种方式进行重调度时，如果客户动态需求到来频繁，那么系统将频繁进行重调度，这将会造成罐车在搅拌站的排序多次调整，引起混乱，不利于搅拌站安排罐车时序，甚至使得罐车无法按时装载混凝土而造成搅拌站和施工现场多方面的损失。而本书提出的重调度策略，只有在必须重调度的时刻才统一对之前的动态需求一起进行重调度，这样不仅使得每一次重调度可以更多地处理客户动态需求，也能最小地影响原调度计划，减少重调度的次数，使得罐车在搅拌站次序间调整的费用最小，并且系统的执行时间最少。在表 4-8 中给出重调度时刻为动态需求提出时刻时实例 2~实例 5 的结果。从表 4-8 中可以看到，结果与实例 1 一样，采用本书给出的重调度策略可以有效减少重调度次数，节约算法运行时间。

表 4-7　实例 1 采用需求到来就进行重调度的调度结果

第几次调度	调度时间	取消的客户作业数/个	总使用车辆数/辆	总运输时间（包括返程）/min	等待卸载总时间/min	本次调度执行时间/s
1	$T_{t0}=0{:}00$	0	13	2 490	58.5	7.475 1

（续表）

第几次调度	调度时间	取消的客户作业数/个	总使用车辆数/辆	总运输时间（包括返程）/min	等待卸载总时间/min	本次调度执行时间/s
2	T_{t1} = 8:00	0	19	3 249	76.5	9.241 3
3	T_{t2} = 8:30	2	20	3 375	88	9.513 3
4	T_{t3} = 10:30	2	20	3 282	86.5	1.823 1
5	T_{t4} = 10:40	2	20	3 330	85.5	1.962 1

表 4-8　实例 2～实例 5 采用需求到来就进行重调度的调度结果

实例	总调度次数	取消的客户作业数/个	使用车辆数/辆	总运输时间（包括返程）/min	总等待卸载时间/min	总目标值	算法总执行时间/s
2	6	0	20	2 346	20.5	12 407.5	36.436 2
3	3	0	11	2 346	16.5	7 895	18.301 9
4	6	0	16	2 331	27	10 413	35.581 3
5	5	0	20	2 844	59.5	13 022.5	29.910 7

注：总目标值为包含费用、时间、惩罚值等多个因数的参数，无单位

4.7.3　算法分析

为了验证本书提出的算法（记作 HGA）的有效性，应用启发式邻域搜索算法（记作 HN）[42]及混合遗传算法（记作 2GA）[37]，对第 2 章中给出的运输时间固定的调度实例进行优化，对每一个实例算法都执行 10 次并求得平均值。对比结果如图 4-9，在表中给出算法平均每次执行时间（RT）。

从图 4-9 可以看到，HGA 算法的优化结果在 5 个实例的实验中都稍优于 HN 算法和 2GA 算法，并且执行速度明显要好于 HN 和 2GA 算法，HN 和 2GA 算法的平均执行时间分别为 592.372 秒和 424.668 秒，而我们采用的 HGA 算法的执行速度平均为 1.595 6 秒，明显优于 HN 和 2GA 算法。

接下来以实例 1 为例，在增加作业数的情况下对比上述三个算法。对实例 1 的每个客户每次增加一个作业，算法 HN 执行一次，算法 2GA 执行 10 次求平均值，HGA 也执行 10 次得到平均值，并对比这三个算法的执行速度，和得到的目标值。三个算法的目标值曲线和三个算法的执行时间分别如图 4-10、图 4-11 所示。

	实例1			对比		实例2			对比		实例3			对比		实例4			对比		实例5			对比	
	HN	2GA	HGA	HN	2GA	HN	2GA	HGA	HN	2GA	HN	2GA	HGA	HN	2GA	HN	2GA	HGA	HN	2GA	HN	2GA	HGA	HN	2GA
RT	368.34 s	471.13 s	1.631 9 s	0.44%	0.35%	642.18 s	441.41 s	1.338 7 s	0.21%	0.30%	377.24 s	380.35 s	1.840 6 s	0.49%	0.48%	376.39 s	428.38 s	1.377 6 s	0.15%	0.32%	356.71 s	402.07 s	1.789 0 s	0.26%	0.44%
UV	19	19.2	18.7			18	19.6	19.2			16	16.8	16			16	16.3	15.2			17	16.1	16		
CJ	0	0	0			1	0	0			0	0	0			0	0	0			0	0	0		
TDT	3 249 min	3 249 min	3 249 min			2 286 min	2 313 min	2 313 min			2 307 min	2 307 min	2 307 min			2 223 min	2 223 min	2 223 min			2 790 min	2 790 min	2 790 min		
AWT	83.5 min	136.25 min	14.05 min			132 min	129.35 min	26.5 min			88.5 min	67.65 min	2.95 min			30.5 min	103.25 min	113.55 min			9 min	125.25 min	20.85 min		
OBJ	12 999.5	14 771.35	12 792.15	−207.352	−1 979.2	15 682	15 421.25	11 892.5	−3 789.5	−3 528.75	10 572.5	10 979.35	10 313.25	−259.25	−666.1	10 498.5	10 600.5	10 063.5	−435	−537	11 317	11 215.75	10 849.35	−467.65	−366.4

图 4-9 算法 HGA、2GA、HN 的执行结果

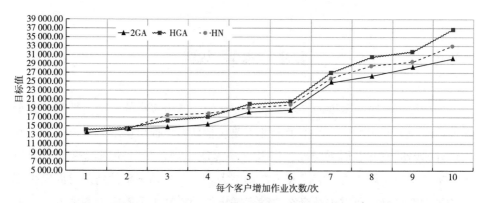

图 4-10　算法 HGA、2GA、HN 针对实例 1 增加客户作业的执行结果

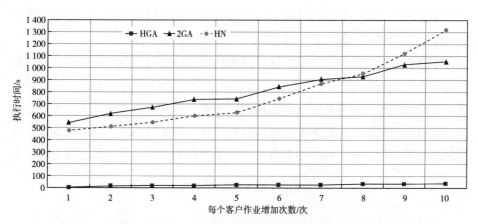

图 4-11　算法 HGA、2GA、HN 针对实例 1 增加客户作业的执行时间

　　从图 4-10、图 4-11 中可以看到，我们采用的 HGA 算法的优化结果在作业数少的情况下与 2GA 算法和 HN 算法的结果相似，随作业数增加，HGA 算法与 HN 算法的效果明显下降，但我们提出的 HGA 算法的执行速度明显优于 HN 算法和 2GA 算法。也就是说我们的算法适用于规模适中的混凝土罐车调度问题，能快速得到预拌混凝土罐车调度问题的优化结果。

4.8 本章小结

预拌混凝土罐车调度的环境是动态变化的，其中客户的不确定性会对罐车调度造成很大的影响，这些不确定性主要包括新客户提出请求、客户无法正确估计开始时间或卸载所需时间，以及客户无法正确地估计所需混凝土的数量等。本章研究了新增客户需求及客户调整需求量两种动态事件到来时混凝土罐车的重调度策略。研究中结合客户动态需求的动态性水平制定重调度方案及重调度的时刻，根据重调度时刻的系统状态，利用结合启发式的混合遗传算法对混凝土罐车重调度问题进行优化。结果表明研究中给出的混凝土罐车重调度策略可以有效地解决问题。

本章的研究中将所有混凝土罐车的平均运输速度指定为一固定值，在实际环境中不同的道路条件、天气情况、高峰时段都将影响罐车的运输速度，并且使得罐车到达施工现场的时间为随机值。因此，可以结合前几章关于混凝土罐车运输时间的研究，将罐车的运输误差控制在可接受的范围，得到更加符合实际情况的重调度计划，以协助调度员、决策者制定更符合现实的混凝土罐车调度方案。

第 5 章 基于生产需求的混凝土罐车预防性维修策略研究

预拌混凝土搅拌罐车作为特殊运输汽车，在维护和修理方面必须遵照"定期检测、强制维护、视情修理"的维护和修理制度。预拌混凝土罐车主要由汽车底盘、搅拌筒、传动系统、供水装置，液压系统等部分组成，需要根据设备的运转台时，制订维修计划。

生产系统日益复杂，造成维修活动亦愈发复杂，原因之一是系统包含设备数量多。多设备系统的维修优化研究，主要是从设备之间的依赖关系出发，针对耗时、成本、可靠性等优化目标建立维修策略[76-78]。一般地，依赖关系分为经济依赖、结构依赖及随机依赖[79]。经济依赖是因为多设备系统中，多个设备成组维修的费用与单个设备独立维修费用之和不同。因此关于经济依赖的多设备维修研究主要是关注如何成组以节省成本[80-83]。结构依赖是指多部件系统中某些部件故障时其他部件也必须更换或至少是被拆卸。结构依赖的研究主要关注某部件故障时其他部件进行机会维修的策略[84,85]。随机依赖主要是因为多设备系统中，某些设备的状态将影响其他设备的寿命。随机依赖的研究主要关注多设备系统中系统之间相互影响的方式，以及相应的维修策略[86-91]。

不过，在实际的工业生产、军事、物流等领域，有一类常见的多设备系统，设备之间不存在明显的依赖关系。譬如，风力发电机组、含有相同类型卡车的运输车队、战舰舰队等。对于此类系统，各个设备的劣化是独立的，系统能否满足生产需求，依赖于系统的可用设备数量。这类系统可称之为独立多设备系统，预拌混凝土罐车车队属于典型的独立多设备系统，本章以预拌混凝土罐车车队作为对象，研究其预防性维修策略。

混凝土罐车车队系统的特点是，系统内含有多辆罐车(这些罐车属于同类设备)，每辆罐车的劣化是独立的，相互之间没有依赖关系，车队系统的维修、保养等策略的制定与生产需求紧密相关。由此可见，混凝土罐车车队系统的维护维修研究，重在关注多辆罐车在生产需求限制下如何维修的问题，这与

k/n 冗余系统相似。然而，k/n 冗余系统中 k 值通常是固定的，且 k/n 冗余系统仅有可用、不可用两种状态[92-94]。与此相比，属于独立多设备系统的混凝土罐车车队系统相关的生产需求是变化的，应考虑如何针对性地制定维修策略，在尽可能满足生产需求的前提下使维修费用最小。因此，混凝土罐车车队系统并不能简单视为 k 值随时间变化的动态 k/n 冗余系统。

已有很多学者对同类多设备系统的维修优化问题进行了研究。如 Popova 等分析了多个独立相同设备组成的并联系统的成组更换策略[95]。Tian 和 Liao 将基于比例风险模型的视情更换策略扩展到同类多设备系统的机会维修中[96]。Nourelfath 等研究了并行系统调度与维修的联合优化问题，考了设备之间的经济依赖和同时失效问题[97]。Koochaki 等研究了考虑经济依赖的多个相同设备系统的视情维修问题[98]。Qi 等研究了多个相同计算机系统的维修优化问题[99]。这些研究都是基于多个同类设备之间的依赖关系制定维修策略，而在混凝土罐车车队系统中，多辆罐车的劣化独立不存在依赖关系，重点关注如何满足生产的需求。

现有的考虑生产需求的多设备系统维修研究，通常是建立时间离散的调度模型后，将生产约束加入其中，求解并优化调度结果。显然，具有生产需求限制的多设备维修一般是作为调度问题来对待的[100-102]。受此启发，本章针对具有生产约束的混凝土罐车车队预防性维修问题，提出具有多阈值的预防性维修策略，在尽可能满足生产需求前提下，考虑最小化维修费用及生产损失成本。

5.1　混凝土罐车预防性维修策略与模型

预拌混凝土罐车车队预防性维修策略，主要是在最大化满足运输需求的同时，最小化车队的整体维修费用。假设混凝土罐车车队拥有 K 个相互独立的同类罐车，罐车的故障率为 $\lambda(t)$，罐车的最佳预防性维修间隔为 T，预防性维修最大可提前期为 T_f，最大可延迟期为 T_p，任意一个罐车的预防性维修活动由阈值 T_f、T、T_p 决定，如图 5-1 所示。根据罐车的故障率、预防性维修费用、故障维修费用等，当罐车的役龄达到 T 时，是进行预防性维修的最佳时机。然而，因为运输需求的限制，若罐车均严格按照最佳预防性维修间隔 T 进行维修，将无法满足某些时刻的运输需求，这就会带来生产损失。

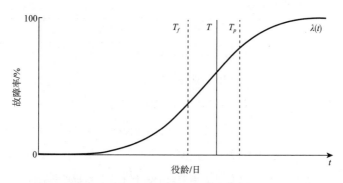

图 5-1　罐车故障率及预防性维修的三个阈值 T_f、T、T_p

因此，设置罐车预防性维修的最大可提前期 T_f 和最大可延迟期 T_p，只要设备的役龄在 $[T_f, T_p]$ 之间即可选择运输需求不紧张的时刻，对罐车进行预防性维修。可见，如此设定后，罐车的预防性维修发生在一个间隔之内，既能更好的保证生产要求，也能在故障率允许范围内完成预防性维修。进一步假设，根据客户需求搅拌站在工作日 i 所需罐车数量为 $U(i)$，每辆罐车的预防性维修费用为 C_p，故障后维修费用为 C_f，因罐车不足而引起的单个罐车运输损失费用为 C_g。优化目标是，在一个维修计划制订周期 R 内，使系统总维修费用及无法满足运输需求的损失最小。

5.1.1　符号描述

预拌混凝土罐车车队预防性维修模型的相关符号及描述见表 5-1。

表 5-1　预拌混凝土罐车车队预防性维修模型的相关符号及描述

符号	描述
K	系统拥有的罐车数量
$K^* = \{1, 2, \cdots, K\}$	系统内所有罐车组成的集合
$\lambda_j(i)$	罐车 j 的故障率函数(本章中研究的是同类罐车；因此所有罐车的故障率相同)
T	罐车的最佳预防性维修役龄
T_f	罐车预防性维修最大可提前期
T_p	罐车预防性维修最大可推后期

(续表)

符号	描述
$U(i)$	工作日 i 所需的罐车数量
C_p	罐车预防性维修费用
C_f	罐车故障后维修费用
C_g	任意工作日因缺少单辆罐车的生产损失费用
R	维修计划周期长度
$R^* = \{1, 2, \cdots, R\}$	维修计划周期内的所有工作日组成的集合
K_i	工作日 i 预防性维修的罐车数
M_i	工作日 i 故障维修的罐车数
$P_i(n)$	工作日 i 有 n 辆罐车故障的概率
$PK_j(i)$	罐车 j 在工作日 i 发生故障的概率
$R_j(i)$	罐车 j 在工作日 i 的可靠度
US_j	罐车 j 的役龄(每一次罐车 j 进行预防性维修后 $US_j = 0$)
$\overline{US}_j$	周期 R 内罐车 j 上一次预防性维修时已经工作的总时间。在周期 R 内,$\overline{US}_j$ 的初始值为零,每一次罐车 j 进行预防性维修时 $\overline{US}_j = \overline{US}_j + US_j$
$S_n = \{S_{n,1}, S_{n,2}, \cdots, S_{n,m}\}$	从 K 辆罐车中选取 n 辆罐车的所有组合组成的集合(为计算方便,这些集合内的罐车按照编号从小到大排序),其中 $m = C(K, n)$ 表示从 K 中取 n 的所有组合数
$S_{n,j}(l)$	集合 $S_{n,j}$ 中的第 l 辆罐车
$\overline{S}_{n,j}$	集合 $S_{n,j}$ 在集合 $\{1, 2, \cdots, K\}$ 中的补集
$E(M_i)$	工作日 i 故障罐车的平均数
K_f	役龄在区间 $[T_f, T]$ 内的罐车数
K_p	役龄在区间 $(T, T_p]$ 内的罐车数
K_p^+	役龄超过 T_p 的罐车数

5.1.2　罐车车队预防性维修模型

为了简化模型和研究便利，在构建模型时同时作了如下假设。

第一，在预防维修间隔期，当罐车发生故障后，立即被发现，并进行故障维修，故障维修恢复罐车的功能，不改变罐车的状态。

第二，预防性维修使罐车的功能得到恢复的同时，会使罐车达到恢复如新的状态。预防性维修所需时间为一个工作日。

根据以上假设，构造系统维修费用以及生产损失如式(5-1)所示。

$$C = \sum_{i=1}^{R} (C_p \cdot K_i + C_f \cdot M_i) + \sum_{i=1}^{R} C_g \cdot \max\{0, (U(i) - (K - K_i - M_i))\}$$

$$(5\text{-}1)$$

式(5-1)中，等号右端第一部分表示所有工作日内预防性维修的费用和故障后维修费用之和，第二部分表示运输需求无法满足造成的生产损失。罐车车队所组成的系统预防性维修模型如下所示。

$$\min E\left\{ \sum_{i=1}^{R} (C_p \cdot K_i + C_f \cdot M_i) + \sum_{i=1}^{R} C_g \cdot \max[0, (U(i) - (K - K_i - M_i))] \right\}$$

$$(5\text{-}2)$$

$$R_j(i) = \exp\left[-\int_0^{i-\overline{US_j}} \lambda_j(i)\,\mathrm{d}i \right] \qquad \forall j \in K^*,\ i \in R^* \qquad (5\text{-}3)$$

$$PK_j(i) = Pr\{(i - \overline{US_j} - 1) \leq t \leq (i - \overline{US_j})\} = \frac{R_j(i - \overline{US_j} - 1) - R_j(i - \overline{US_j})}{R_i(i - \overline{US_j} - 1)}$$

$$\forall j \in K^*,\ i \in R^* \qquad (5\text{-}4)$$

$$P_i(n) = \sum_{j=1}^{m} \left[\prod_{i=1}^{n} PK_{S_{nj(l)}}(i) \right] \prod_{y=1}^{K-n} \left[R_{\bar{S}_{nj(y)}}(i) \right] \quad m = C(K, n),\ i \in R^*$$

$$(5\text{-}5)$$

$$E(M_i) = \sum_{n=1}^{K} n \cdot P_i(n) \qquad\qquad i \in R^* \qquad (5\text{-}6)$$

$$K_i = \begin{cases} K_p^+ & (K-U(i)-M_i) \leq K_p^+ \\ K-U(i)-M_i & K_p^+ \leq (K-U(i)-M_i) \leq (K_p^+ + K_p + K_f) \\ K_p^+ + K_p + K_f & (K-U(i)-M_i) \geq K_p^+ + K_p + K_f \qquad i \in R^* \end{cases} \qquad (5\text{-}7)$$

$$T_f \leq T \qquad (5\text{-}8)$$

$$T \leqslant T_p \tag{5-9}$$

$$T_f, \ T, \ T_p \in (0, \ R] \tag{5-10}$$

式(5-2)为模型的目标函数，最小化周期 R 内混凝土罐车车队系统的平均维修费用以及生存损失。由式(5-3)可以得到罐车 j 在工作日 i 的可靠度 $R_j(i)$，其中 $i-\overline{US_j}$ 是罐车 j 在工作日 i 时的役龄。式(5-4)用来得到罐车 j 在上一次预防性维修后，一直到工作日 $i-1$ 不发生故障，而在工作日 i 发生故障的概率。由式(5-5)可得工作日 i 故障罐车数为 n 的概率。式(5-6)用来计算工作日 i 故障罐车数的均值 $E(M_i)$。式(5-7)表示工作日 i 进行预防性维修的罐车数，其中 K_f、K_p、K_p^+ 的取值由决策变量 T_f、T、T_p 决定。当 $K_p^+ \leqslant (K-U(i)-M_i) \leqslant (K_p^+ + K_p + K_f)$ 时，需要确定哪些罐车继续工作，哪些罐车进行预防性维修，其原则是优先选择役龄最靠近 T_p 的罐车进行预防性维修。式(5-8)~式(5-10)定义了决策变量 T_f、T、T_p 的取值范围。

5.2　仿真优化方法

设置罐车的故障率函数服从参数为 β 和 θ 的威布尔分布，工作日 i 罐车的需求数量根据季节不同，分别服从均值为 μ_i 标准差为 δ_i 的截尾正态分布 $U(i) \sim \mu_{\min} \leqslant N(\mu_i, \ \delta_i) \leqslant \mu_{\max}$。在一次仿真实验时(相当于一个周期开始时)，对系统拥有的 K 辆罐车，随机给定每辆罐车的初始役龄 US_j，$j \in K^*$，且每辆罐车进行预防性维修后 $US_j = 0$。优化求解使用遗传算法，如算法 5-1 所示。仿真在同样条件下重复进行 n 次，然后统计分析实验结果。

算法 5-1　仿真优化流程

步骤 1　初始化各设备的初始役龄 US_j。

步骤 2　生成 Pop_size 个 T_f、T、T_p 组成的初始数据。

步骤 3　设定优化周期 R。

步骤 4　根据日均罐车需求量分布，产生周期 R 内每个工作日的罐车需求数。

步骤 5　对每个个体，计算每个工作日内预防性维修罐车数 K_i，并更新相应罐车的役龄 US_j，以及 $\overline{US_j}$。

（续表）

步骤 6	根据罐车的故障率函数，计算各个体工作日 i 故障罐车数均值 $E(M_i)$。
步骤 7	计算本轮 Pop_size 个个体的适应度。
步骤 8	进行 p 次交叉、变异、选择操作，得到一个最优个体。
步骤 9	重复执行步骤 4 至步骤 8 m 次，得到 m 个最优个体并分别计算其均值 $m(T_f)$、$m(T)$、$m(T_p)$。
步骤 10	重复执行步骤 1 至步骤 9 n 次，得到 n 个 $m(T_f)$、$m(T)$、$m(T_p)$，并分别计算这 n 个值的均值 $M(T_f)$、$M(T)$、$M(T_p)$，作为最优结果保存。

须注意，在仿真流程有关步骤或步骤组合中得到的优化结果，均作统计处理。这是因为，模型中生产需求以概率分布的形式给出，而求解目标是周期 R 内最小费的均值。同时，K 辆罐车的初始役龄在仿真中随机给出，相当于这 K 辆罐车在优化时处于不同状态，而求解目标是要得到设备预防性维修周期的三个阈值，故在步骤 10 重复执行步骤 1 至步骤 9，得到罐车所处状态的均值和预防性维修周期的三个阈值。

5.3　结果与讨论

假设罐车车队系统拥有 $K=100$ 辆同类罐车，罐车的故障率服从尺度参数 $\theta=120$ 和形状参数 $\beta=4$ 的威布尔分布，预防性维修的费用 $C_p=3$ 百元，故障维修的费用 $C_f=10$ 百元，无法满足生产运输需求的损失费用 $C_q=60$ 百元。企业的罐车需求书根据四季的不同，日均罐车需求数服从截尾正态分布 $\mu_{min} \leqslant N(\mu_i, \delta_i) \leqslant \mu_{max}$，其中设定 $\mu_{min}=1$，$\mu_{max}=K$。春季任意工作日需求的罐车数服从 $\mu_i=0.6\times K$，$\delta_i=0.1\times K$ 的正态分布，夏季需求罐车数服从 $\mu_i=0.8\times K$，$\delta_i=0.2\times K$ 的正态分布，秋季 $\mu_i=0.6\times K$，$\delta_i=0.2\times K$，冬季 $\mu_i=0.4\times K$，$\delta_i=0.3\times K$。对上述需求进行仿真优化得到优化结果。

如图 5-2 所示为一次优化仿真的结果。保持条件不变，重复进行 10 次仿真，统计结果后，得到三个预防性维修阈值的平均值分别为 $T_f=63$，$T=86$，$T_p=115$。实际生产运输中，可在运输需求限制下据此安排预防性维修活动。举例来说，若某辆罐车役龄已达 63 个工作日，则可在运输任务宽松时进行预防性维修；若运输任务紧张，则该罐车的预防性维修最迟可以推迟到役龄达到115 个工作日时进行。而对罐车本身来说，最佳的预防性维修时间为役龄为 86个工作日时进行。

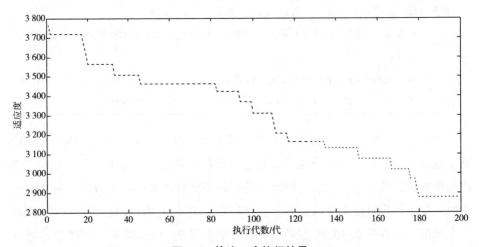

图 5-2　算法一次执行结果

注：适应度为综合均值，无单位

对上述问题实例，随机给定每辆罐车的初始役龄 $US_j = [0, T]$，以及日均生产需求罐车数。采用 a、b 两种方式对罐车进行预防性维修，采用两种方式进行预防性维修的调度结果如表 5-2 所示。

a. 只采用最佳预防性维修间隔 T 进行罐车的预防性维修。也就是任意一罐车的役龄达到 T 时必须进行预防性维修，既不会提前预防性维修也不会推迟预防性维修。

b. 采用 T_f、T、T_p 三个预防性维修阈值对罐车进行预防性维修。

表 5-2　两种预防性维修策略结果对比

	只采用 T 的方式	采用 T_f 的方式	差值
预防性维修总次数/次	462	473	−11
不满足运输需求的总罐车台数/台次	139	7	132
日平均故障罐车数/台	1.06	1.49	−0.43
周期 R 内的总费用/百元	10 648.90	2 901.85	7 747.05

从表 5-2 中可以看到，采用两种方式预防性维修总次数、日平均故障罐车数基本一致，但是采用三阈值的预防性维修策略时，使得不满足运输需求的总罐车台数只有 7 台次，明显小于采用单一预防性维修阈值的情况。因此，研究中给出的基于三种阈值的预防性维修策略，可以有效地协调混凝土罐车车队这类独立多设备系统中，多个设备的预防性维修活动，并最大化满足生产运输的要求，也就相应地节省了混凝土企业因可用罐车数量不足而造成的损失，使得费用最小化。

5.3.1　费用值对结果的影响

费用值的变化影响三个维修阈值，首先设定 C_f = 10 百元，C_g = 60 百元，预防性维修费用 C_p 的值从 3 按照步长 3 增大到 60，对于每个 C_p，算法执行 10 次并计算平均值，结果如图 5-3 所示，从图 5-3 中可看到随着预防性维修费用 C_p 的增大，T_f、T、T_p 都会相应的增大，T_f、T_p 随 C_p 的增大越来越接近 T，并且当 C_p 大于 27 时，T 的值基本固定在 145 左右，这是因为研究中的维修策略指定罐车的故障维修仅恢复罐车的功能而并不改变罐车状态，当 T 值增大时，罐车的故障概率增加，罐车故障的次数增多，总的故障维修费用增大，并且由于工作日内故障罐车的数量增多，无法满足生产运输的情况也增多。

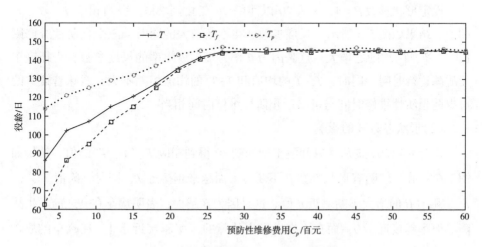

图 5-3　预防性维修费用 C_p 对结果的影响

接下来，设定 C_p=3 百元，C_g=60 百元，故障维修费用 C_f 的值从 10 按照步长为 5 增大到 60，对每个 C_f 值算法执行 10 次并计算平均值，结果如图 5-4

所示。从图 5-4 中可以看到随故障维修费用 C_f 的增大，T_f、T、T_p 的值都相应缩小，这表示故障后维修费用的增加，使得罐车的预防性维修间隔变小。

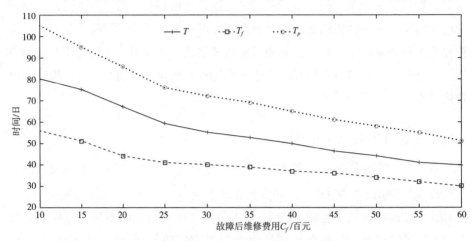

图 5-4   故障维修费用 C_f 对结果的影响

5.3.2   故障率函数对结果的影响

（1）尺度参数 θ 的影响

设定形状参数 $\beta=4$，θ 从 20 以间隔 20 变化到 200，得到相应 T_f、T、T_p 的值。结果如图 5-5 所示，尺度参数 θ 在不断增大的同时，三个预防性维修阈值 T_f、T、T_p 均随之增大。这是因为 θ 作为罐车故障率的尺度参数，表征罐车无故障运行时间。同时，T_p-T 的均值和 $T-T_f$ 的均值相差不大，意味着罐车的可提前预防性维修时间与可推后预防性维修时间相当。

（2）形状参数 β 的影响

设定 $\theta=120$，β 从 4 以间隔 1 增加到 30 得到相应 T_f、T、T_p 的值，结果如图 5-6 所示，T_p 随着形状参数 β 不断变大而越来越接近 T，同时，阈值 T_f、T、T_p 也随着 β 的增大不断靠近 θ 值。这是因为 β 越大，表明罐车在 θ 之前发生故障的概率越接近于 0，而在 θ 之后发生故障的概率越接近于 1。在罐车的故障维修费用大于预防性维修费用时，会出现此种情况。另外，也可以看到，T_f 与 T 之间的距离基本不随 β 的变化而变化。

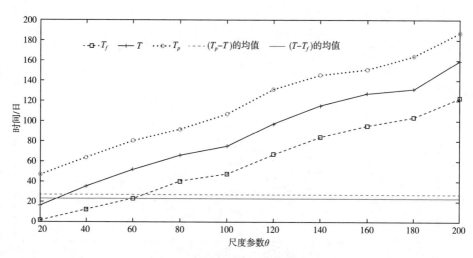

图 5-5　尺度参数 _θ_ 对结果的影响

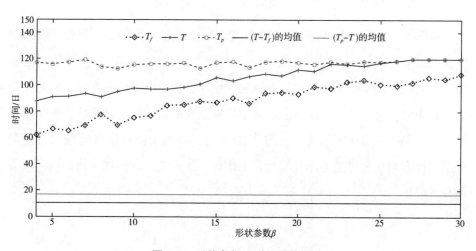

图 5-6　形状参数 _β_ 对结果的影响

（3）生产运输需求对结果的影响

设定罐车的故障率服从尺度参数 $\theta = 120$ 和形状参数 $\beta = 4$ 的威布尔分布，每个季度的日生产运输需求罐车数均服从截尾正态分布，春季需求罐车数服从 $\mu_i = 0.4 \times K$，$\delta_i = 0.1 \times K$ 的正态分布。夏季 $\mu_i = 0.6 \times K$，$\delta_i = 0.2 \times K$，秋季 $\mu_i = 0.5 \times K$，$\delta_i = 0.1 \times K$，冬季 $\mu_i = 0.2 \times K$，$\delta_i = 0.2 \times K$。然后各季度的生产需求设备数的参数 μ_i 每次增加 $0.05 \times K$，直到夏季需求 $\mu_i = 1 \times K$。多种生产需求下的仿真

结果如图 5-7 所示。

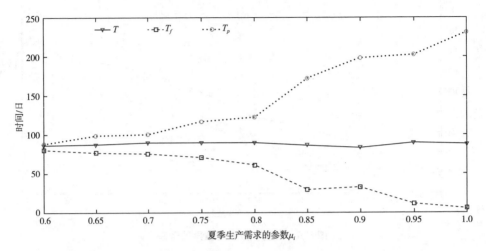

图 5-7　生产需求对 T_f、T、T_p 的影响

从图 5-7 中可以看出，生产需求变化对阈值 T 基本无影响。但是，随着罐车数的需求越来越大，T_f，T_p 与 T 之间的距离增大。这是因为，若生产运输需求不紧张，罐车的预防性维修会尽量在最佳预防性维修间隔完成。而当生产需求紧张时，为了满足运输需求，罐车或提前或推迟做预防性维修。极端情况下，当夏季生产运输需求为所有罐车数 K 时，罐车预防性维修的最大提前期和最大推后期甚至可能跨越夏季所有工作日。换言之，预防性维修活动可以不在夏季进行。

5.4　本章小结

本章研究与生产需求关系密切的混凝土罐车车队所组成的独立多设备系统的预防性维修策略，分析独立多设备系统的特点，提出基于最佳预防性维修间隔、最大预防性维修可提前期和可推后期三个阈值的预防性维修策略。应用基于遗传算法的仿真优化方法对具体实例进行优化并分析，结果表明提出的三阈值预防性维修策略可有效协调混凝土罐车车队中多辆罐车进行预防性维修的时刻，使运输需求尽可能得到满足。研究中将每个工作日的运输需求约束表示为服从某一分布的随机变量，在实际生产中可以根据实际的运输调度计划，或根据以往运输统计数据进行优化，得到满足实际运输需求的混凝土罐车车队预防性维修阈值。

第6章 混凝土罐车调度及管理的决策支持系统研究与设计

在信息化进程越来越快的形势下,资源和信息的有效管理,已成为企业提高管理水平,增强市场竞争力的有效手段。对商品混凝土生产数据、技术质量和调度管理等数据信息化的管理,对推动商品混凝土及相关事业的发展,促进商品混凝土的生产、销售、售后服务和原材料采购、设备维护维修、产品运输调度与控制等方面具有重要意义。因此本章在前述章节的基础上,针对预报混凝土罐车的调度、维修,以及相关搅拌站的管理提出基于模型库、数据仓库、地理位置信息库系统的决策支持系统。该系统采用面向服务的架构,用企业资源总线将系统功能整合在一起。

6.1 决策支持系统概述

计算机及信息管理技术的应用,经历了数据分析处理、管理信息系统和决策支持系统三个阶段。管理科学、行为科学、控制论及运筹学是决策支持系统(Decision Support Systems,DSS)的理论基础。决策支持系统的技术手段主要包含信息技术、仿真技术、计算机技术等。DSS 解决的问题主要是针对半结构化的决策问题,采用具有智能功能的人机交互系统为决策者提供支持决策活动。DSS 提供决策过程所需的数据、背景材料和信息,通过问题识别、决策模型建立、备选方案生成等,使决策者明确决策目标。DSS 还可以对各种方案进行评价和选优,通过人机交互模块进一步对方案分析、比较和判断,为正确决策提供必要的支持。

决策支持系统正式成为一门学科是在 20 世纪 70 年代[103],由美国麻省理工学院的 Gorry 和 Morton 提出 DSS 的概念[104]。决策支持系统提出后,由于决策支持系统的应用前景广泛,多种应用技术、理论方法都可以融合在 DSS 中,因此, 有很多研究者针对决策支持理论开展了大量的研究和实验, 提出许多的决策分析方法, 并且通过结合新技术的发展, 为很多领域的问题提出了决策方案。决策支持理论也由从最初的以模型库系统为基础, 通过定量分析进行辅助决策的传统决策支持系统发展到运算学、决策学、人工智能及空间地理信息技术渗透到其中的各种实用决策支持系统[105]。其应用涉及交通、环保、金融、应急等多个领域, 成为信息系统领域内的热点之一, 主要经历了以下几个发展阶段。

(1)基于数据与模型的决策支持系统研究

1971 年, Scott Morton 在《管理决策系统》一书中首次提出 DSS。Peter G. W. Keen 等人随后在第一届信息系统大会上说明 DSS 的观点, 初步构造出 DSS 的基本框架[106]。20 世纪 70 年代关于决策支持系统的研究大都集中于基于数据的决策支持理论, 基于数据的决策支持方法主要由数据库、模型库和人机交互三个部分构成。随着 DSS 在应用领域的不断扩展, 以及决策支持理论的深入研究, DSS 从简单的基于数据的决策支持理论发展到以模型驱动的决策支持方法。1980 年, Sprague 提出了决策支持系统的人机对话、数据、模型三部件系统组成结构, 后来又增加了知识库与方法库[107], 构成了三库系统或四库系统, 决策支持发展为模型驱动的决策系统。

(2)智能决策支持系统的研究

20 世纪 80 年代, 人工智能理论与决策支持理论相结合, 促使智能决策支持系统(Intelligent Decision Support System, IDSS)出现[108], IDSS 最早由 Bonczek 提出, 综合集成了多学科、多领域的研究成果。对比之前出现的决策持系统, IDSS 在传统的三库系统的基础上增加知识库和推理机, 并且在人机交互系统中引入了自然语言处理技术, IDSS 既可以处理定量问题, 也可以处理定性问题[109]。因此, IDSS 的组成包括智能人机交互接口、问题处理系统、知识库系统和推理机系统, IDSS 基于规则表达的方式, 使得用户更容易掌握, 并且 IDSS 具有很强的模块化特点, 提高系统部件的重用度。IDSS 可以细分为基于专家系统的决策支持系统、基于人工神经网络的智能决策支持系统、基于 Agent 技术的智能决策支持系统[110,111]。

(3)群决策支持系统研究

科学技术不断发展, 促使大规模数据出现, 信息的爆炸式增长使得仅依靠单独的决策者或功能单一的信息管理系统进行管理决策难以实现。集中多个专家共同决策，形成更加科学的群决策成为处理复杂问题的一个有效方法。在这样的背景下，出现了群决策支持系统(Group Decision Sporting System, GDSS)。GDSS 基于计算机的交互式技术，解决某一领域的半结构化或非结构化问题。典型的 GDSS 由硬件资源、软件资源和决策者三部分组成。作为决策支持系统的发展方向，GDSS 不受空间时间限制，可以共享信息并和多个决策者共同交流和商量决策，避免方案的片面性，集思广益，提高决策能力[112]。

(4)基于数据仓库、联机分析处理与数据挖掘的决策支持系统研究

数据仓库是一个信息相对稳定的、集成式的、面向主体的，并且随时间变化的数据集合，数据仓库在 DSS 中主要提供了管理决策过程的支持[113]。数据仓库最早由 William H. Irnnon 在 1991 年提出，之后数据仓库的发展推动了联机分析处理技术的(On-Line Analytical Processing, OLAP)研究[114]，联机分析处理技术能够处理共享多维信息，可以针对特定问题的联机数据进行访问和分析，最早由 E. F. Codd 于 1993 年提出[115]。数据的存储与管理是数据仓库的主要作用，而数据的分析、为决策者提供有用的信息是 OLAP 的侧重点。在 OLAP 的基础上，通过数据挖掘引擎和知识库系统的支持，出现了数据挖掘理论，数据挖掘比汇总分析处理的功能更强[117]。具有数据挖掘技术、数据仓库技术和联机分析处理技术的决策支持系统属于高级别的决策支持技术。

DSS 系统在我国的研究开始于 20 世纪 80 年代中期，研究主要分为两个方面：一类是以理论研究和基础平台研究为主的基础研究，另一类是决策支持系统的应用研究。陈文伟等人通过 DSS 理论，以及模型操作语言方面的研究，开发了一种决策支持系统开发工具(GFKD-DSS)，该开发工具由运行控制系统和管理系统两部分组成，通过系统管理模块提供 DSS 管理语言，实现对 DSS 模型库、模型文件和数据库的管理，系统控制模块提供了包含数值计算、数据处理、模型控制、模型组合更新等 DSS 的核心语言[118-120]。

目前在我国决策支持系统的研究应用已经涉及水利、采矿、物流、农业、军事、商业等各个领域[121-126]。

6.2　物流配送决策支持系统研究现状

预拌混凝土罐车调度及管理属于物流配送的范畴，物流配送决策支持的研究主要包含：配送系统设计与应用研究、配送车辆的路径优化和车辆调度、配送中心的选址及规划问题、基于电子商务的物流配送等多个方面。Choi 等针对城市路网配送路线和配送站点的问题，利用 GIS 空间分析处理的功能设计了相关问题的 DSS[127]。Yan 等根据物流管理系统的 GIS 集成架构，研究了物流网络设计中的路由分析、决策辅助分析等关键技术[128]。Brilevski 研究并设计了自动监控系统，来完成大型制造企业配送系统内车辆的监控，协助企业做出相关管理决策[129]。FaulinJ 等为 FRILAC 公司设计基于 Clarke-Wright 算法的配送路径优化决策支持系统，减少了总的车辆行驶距离并相应节省了车辆运输费用，总体上为该公司节约了大概 10% 的成本[130]。Isiklar G 等根据 IDSS 理论，针对第三方物流企业，设计了一个可以评价和选择第三方物流机构的车辆配送 DSS 系统[131]。Matsatsinis 分析了混凝土罐车调度的特点，建立基于两库模型的混凝土罐车调度决策支持系统[43]。岳维好等人通过系统需求分析、系统功能设计提出基于 GIS 的物流配送系统的设计与实现[132]。付万等在 MapX 平台的基础上，通过 GIS 系统的支持，针对物流管理企业，设计了一个现代物流管理系统，并实现了部分功能[133]。郭建宏等研究了基于 GIS 的林副产品的配送系统设计与实现[134]。何红波等在研究中采用 WEB 技术，研究了如何使用 Web services 技术实现物流动态联盟[135]。史亚蓉等研究了基于 GIS 支持的物流配送路线规划问题[136]。从以上文献可以看出，目前配送系统的研究方面主要在配送模式和 GIS、GPS、计算机技术、数据库等多种先进技术结合达到车辆定位跟踪、在途调度、优化配送路径等多种功能实现配送效率的提高。

本章的研究结合物流管理理论、决策支持系统理论和现代信息技术等方法，对混凝土企业运营过程的主要环节进行系统的分析，构建了基于实时监控的决策支持系统总体框架，系统总体框架设计为面向服务的架构，通过企业服务总线将系统各功能模块集成，并通过统一的 Portal 将系统功能展现给决策者。系统集成状态实时监控，可以为决策者提供更符合实际情况静态调度计划，维修保养计划，以及满足实时需求的动态调度计划，并通过辅助服务及高层应用服务为企业管理人员提供相关服务。

6.3　混凝土罐车调度及管理决策支持系统的设计

商品混凝土企业主要的设施设备一般包括停车场、堆料场、辅料仓库、搅拌楼、贮存搅拌设备、机修厂、搅拌车、泵车等。通常拥有两套以上的搅拌设备，以减少设备故障停产的损失。商品混凝土企业的管理涉及供应、生产、销售、人事、财务、物资、质量等方面。供销管理主要负责采购、销售、应付应收结算等管理。生产管理主要负责生产调度、车辆调度、配方设计、质量检验、设备维护等管理。财务管理主要负责财务会计、成本控制、设备资产等管理。

本系统以混凝土企业的生产管理为出发点，借助其他配套或辅助服务，完成混凝土企业从生产到销售各个环节的相关业务管理。混凝土企业的业务属于较大的联动机构，人员众多、工种与工序繁杂、机械设备数量较多、运行及维护技术复杂，本系统力求通过系统管理和挖潜扩能，使混凝土生产和输送组织更加科学化、效率更加高效化。

6.3.1　RMC罐车调度及管理决策支持系统总体架构

系统功能总体框架设计为面向服务的架构（Service Oriented Architecture，SOA）。此系统的各个子系统（或某些的组合）可以作为独立系统单独使用，各子系统向外界暴露服务，通过企业服务总线（Enterprise Service Bus，ESB）集成起来，使用一个统一的 Portal 将系统功能展现给用户。

从底层看系统为包含模型库、数据库、地理信息库的模式决策支持系统。从高层结构的角度，可以将本系统提供的服务分为四类：业务调度服务、车辆跟踪定位服务、配套辅助服务和 ESB 管理服务。这些服务通过 ESB 相互通信和整合，实现协调运作，每个服务的表示层对应 Portal 的一个或多个 Portlet 视图，整合在 Portal 中。

Portal 是基于 Web 的应用，通常提供个性化、单点登录、整合不同资源的综合信息展示平台。Portal 展现在最终用户面前的是类似于 Web 网页的 Portal

页面，构成 Portal 页面的是能够建立和展现不同内容的一系列 Portlet。Portal 使用 Portlet 作为可插拔用户接口组件，提供信息系统的表示层。系统总体框架如图 6-1 所示。

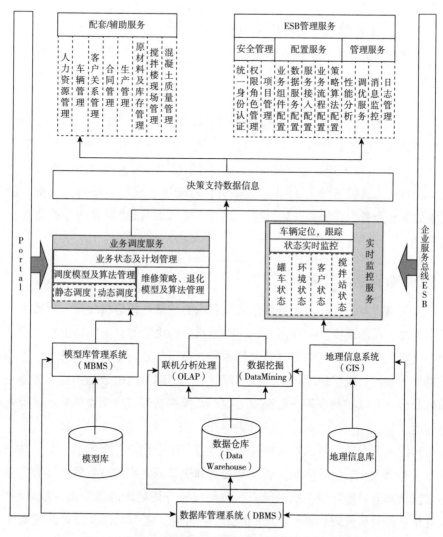

图 6-1　混凝土罐车调度及管理决策支持系统总体框架

6.3.2　系统接入服务

此服务提供数据接入系统的任务。输入本系统的数据分为三种，均可通过数据接入服务进入系统数据库。

（1）系统元数据及配置数据

在系统初始化和使用过程中使用系统相应的数据录入功能进入系统数据库。

（2）实时监测数据，主要来自系统外部传感器

从外部环境或传感器得到的实时监控数据，通过系统提供的监测数据入库服务进入系统的设备监测数据库。

（3）企业现有 IT 平台管理的数据

企业中现有的 IT 平台可能包括 ERP、EAM、PLM、MES、SCM、CRM 等，需要与这些系统的数据进行交互。这些系统可能有些已经实现了 SOA 架构的服务接口(如 SAP，IBM)，有些还没有。对于已实现服务接口的数据和业务互操作，直接将其服务接入 ESB 总线即可；对于未实现服务接口的情况，需要配置数据和业务组件模型并编写接入逻辑适配器加入到"数据和业务流程接入服务"中。

6.3.3 数据仓库管理

决策支持系统核心功能是根据系统获取的数据进行分析决策。混凝土罐车静态调度、动态调度、维修保养、搅拌站维护的决策等，不能缺少相关业务数据，这些数据的来源包括实时监测的数据、地理位置信息数据和日常业务积累数据等。如何有效管理不同来源、不同种类、不同结构的数据并且支持强大灵活的分析功能以辅助决策，是混凝土罐车及搅拌站管理决策支持系统需要解决的问题。

传统的数据管理技术在实现决策支持过程中存在事务应用的分散、数据不一致、非结构化数据等问题。要提高分析和决策的效率和有效性，需要把分析型数据从事务处理环境中提取出来，按照决策分析处理的需要进行重新组织，建立单独的分析处理环境[137,138]。因此，在混凝土罐车调度及搅拌站管理决策支持系统构建过程中引入数据仓库管理技术。

在混凝土罐车调度及搅拌站管理决策支持系统总体框架基础上引入数据仓库，构建基于数据仓库的环境污染突发事件应急决策系统，系统结构划分为数据获取层、数据析取层、数据存储层、数据分析层、数据交互层几个部分，如图 6-2 所示。数据获取层主要从不同的来源获取数据；数据析取层通过数据抽

取、清洗和转换，形成数据仓库支持的数据加载到数据仓库中；数据分析层主要完成 OLAP 联机分析处理、实现对数据多维度，多层次的分析和隐性知识的发现；数据交互层主要将分析结果内容进行组合，针对不同用户展现不同的定制内容；最终提供决策者进行决策判断[139]。

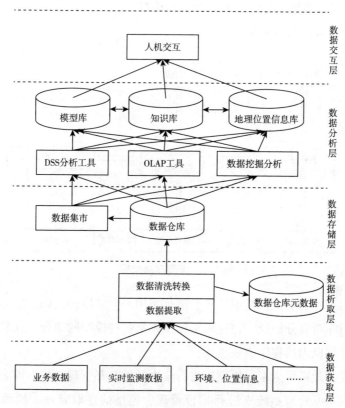

图 6-2　混凝土罐车调度及管理决策支持系统数据仓库结构

6.3.4　模型系统

（1）模型系统的功能

本章提出的预拌混凝土罐车调度及搅拌站管理决策支持系统的核心是模型系统，其主要任务是建立决策模型，选取算法优化得到调度或维修方案，以帮助决策者理解问题。它必须具备知识的表示与处理能力、提供一般的模型操纵方法、具有自我学习的能力等基本功能。

（2）模型库的结构

本章提出的 DSS 中的模型库系统由模型库、模型库管理系统和模型字典三部分组成。其主要功能是通过人机交互语言，使决策者可以方便地利用模型库中的各种模型支持调度决策或维修决策，并且可以引导决策者应用建模语言和自己熟悉的专业语言建立、修改和运行模型。

其系统结构如图 6-3 所示。

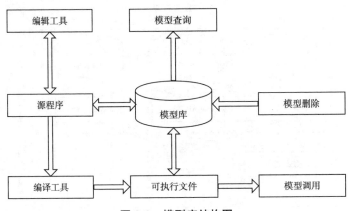

图 6-3　模型库结构图

模型库是决策支持系统中的核心部分，用来存储模型代码，实际上由源码库和目标码库两部分构成。在逻辑上模型库是各种模型的集合；在软件内容上则由许多计算机内的程序模块组成[140]。

模型库管理系统为了对模型库进行集中的控制和管理，模型库必须有一个强有力的模型库管理系统来进行构模管理、模型的存取管理、模型的运行管理。构模管理主要完成模型的生成、模型的连接，以及模型的重构。模型存取管理主要负责模型的装入、修改、删除、查询、更新维护等功能。模型运行管理主要完成运行时条件准备、与算法或方法的连接，以及与数据连接的功能，并控制模型的运行。

在模型库中用来存放模型的相关描述信息和模型数据抽象的是模型字典。模型的数据抽象指的是模型关于数据存取的说明。此外，用户和系统人员查询模型字典中有关于模型的详细说明。

（3）模型管理系统

模型管理系统与数据库管理系统是不同的，数据库中数据是静态的，而模型是动态的，因此，对模型的管理而言应该支持模型的创建、连接、复合、运行与重用整个生命周期，而不仅是简单的存储、显示、修改和输出。

本系统中模型的表示方式采用面向对象的方式，面向对象的模型表示方式将模型及对应的方法属性封装在一起，以类的形式提供用户。

继承的机制、集成的支持，以及多态性使得面向对象的方法能够实现代码的共享，解决了目前很多模型管理系统在模型定义时出现的冗余，并且代码的复用使得可以充分利用已有的正确模型。

（4）系统模型

根据以上的定义，采用面向对象的思想，建立系统内的模型。这些模型主要分为三大类模型：静态调度模型、动态调度模型、罐车及设备维修模型，如图6-4所示。

系统生成的策略及模型，主要是根据系统输入得到静态调度模型、重调度策略方法和维修模型，以及模型优化结果得到相应的执行方案，协助决策者做出实际执行方案。

6.3.5　业务调度服务

业务调度服务主要是根据实时监控得到的车辆状态信息，搅拌站设备状态信息、环境状态信息、客户状态信息等，完成混凝土罐车的静态调度或动态调度。静态环境下系统根据提出需求的客户数量，以及客户地理位置、混凝土需求量、需求时间、道路通行统计数据等信息，经由模型库管理系统选择适当的调度模型(时间依赖的调度模型、随机机会规划调度模型等)和算法，完成下一个周期的混凝土罐车静态调度计划。静态调度计划用以辅助决策者更好的制订罐车实际调度计划。

预拌混凝土罐车调度面临的环境也是动态变化的，这些动态性因素主要有运输时间的不确定性，客户需求时间、需求量的不确定性，动态出现的新客户需求，罐车故障、搅拌站故障、泵车故障，以及天气因素等。为响应调度过程中出现的动态因素，预先制订的静态调度计划将无法按时执行，必须进行动态重调度。系统根据实时监控得到的罐车状态信息、搅拌站状态信息、客户需求状态信息，以及浇筑现场信息等，通过业务调度服务模块选取动态重调度方式(全重调度、仅车辆重排、原计划执行等)以及调度算法，得到混凝土罐车的动态调度方案提交给决策者。在整个调度过程中由业务状态及计划管理模块统一对车辆状态、客户状态、环境状态等状态，以及各阶段生成的静态或动态调度计划进行管理。

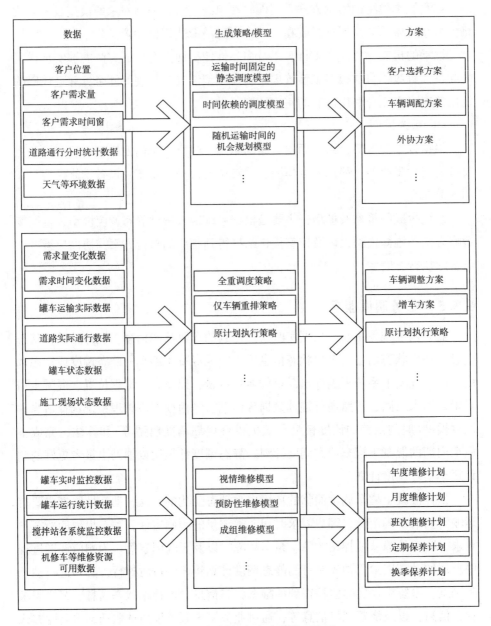

图 6-4　生成模型/方案总体示意图

混凝土搅拌站主要包含搅拌主机、物料称量系统、物料运输系统、物料贮存系统及控制系统等设备，预拌混凝土罐车主要由汽车底盘、搅拌筒、传动系统、供水装置、液压系统等部分组成。业务调度服务还包括根据搅拌站、罐车状态的实时监控信息，提供设备的健康状态评估及剩余寿命预测服务，并在此基础上提供设备维护维修决策功能。根据设备的状态监测和诊断信息，运用数据分析方法，分析设备的劣化程度，故障隐患的发展趋向，确定维修类别、部位及时间，在故障发生前安排适当的维护维修。设备维修管理的核心功能最终落实在维护维修决策上，制订的维护维修工作计划是否合理，能够避免维修延误，降低设备维修和运行成本，是衡量设备维修管理是否成功的关键。维护维修决策能够根据维修手册的规定，结合生产计划、维修用料单（Bill of Material，BOM）、维修资源、维修计划等因素，做出何时使用哪些资源进行何种维护维修工作的安排决策。

维护维修决策的目标是减少无计划维修工作所占的比例，从而提高维修效率，减少设备运行维护的费用，同时提高设备的利用率和使用安全性。

6.3.6　状态实时监控服务

状态实时监控服务，主要包含车辆状态、客户状态、环境状态、搅拌站设备状态等状态，状态监控的总体框架如图 6-5 所示。罐车状态的实时监控是根据 GIS 系统获取罐车的位置信息，还通过罐车上安装的传感器获取速度、油量、搅拌机正反转状态信息。混凝土搅拌车上搅拌机正转表示搅拌机正常工作，防止混凝土发生凝固。搅拌机反转表示车辆正在卸料。客户状态实时监控主要是根据施工现场的泵送设备监控、施工过程反馈、客户需求提交等获得客户需求量实时变化信息、混凝土卸载耗时信息、施工现场车辆等待时长等实时信息。环境状态监控主要获取罐车运输途中各阶段速度、罐车施工现场等待时间、交通电台道路拥堵反馈、政府道路维护发布、天气实时变化等信息。搅拌站状态监控，主要是根据现场操作人员观察，以及传感器反馈获得搅拌主机、物料称量系统、物料运输系统、物料储存系统及控制系统的设备运行状态。

所有采集到的状态信息通过通信模块（车联网、GPRS、移动网络）传输到监控中心服务器，提供给调度服务模块使用。采集到的信息可以分为两类：一类直接用来协助动态调度（如客户需求量变化信息、天气实时信息、罐车故障信息等），这类信息直接影响原调度计划的执行，因此，需要及时反馈到调度

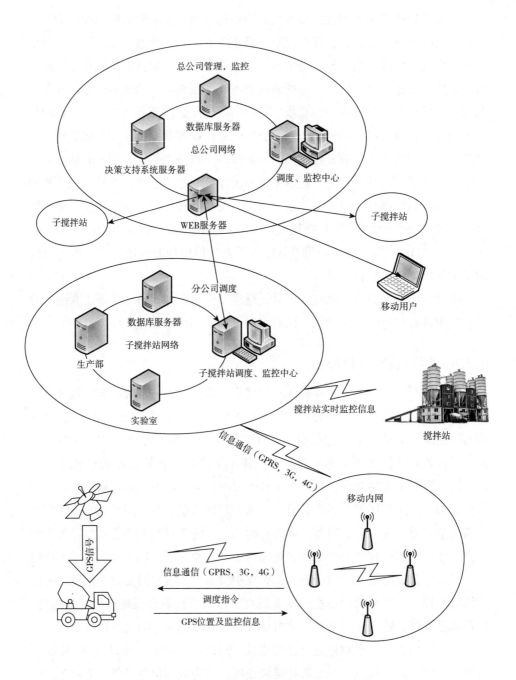

图 6-5　状态监控的总体框架

服务模块进行处理，以满足客户动态需求；另一类信息将提交给数据仓库经由联机分析处理及数据挖掘模块进行统计分析处理(例如：通过实时的罐车速度分析得到通行道路时间依赖数据、搅拌站实时运行状态数据等)，得到的信息反馈给业务调度服务模块协助制订更加符合实际情况静态调度计划、维修保养计划。

6.3.7　ESB 管理服务

(1) ESB 简介

企业服务总线(Enterprise Service Bus，ESB)是传统中间件技术与 XML、Web 服务等技术结合的产物。ESB 提供了网络中最基本的连接中枢，是构筑企业神经系统的必要元素。ESB 的出现改变了传统的软件架构，可以提供比传统中间件产品更为经济的解决方案，同时它还可以消除不同应用之间的技术差异，让不同的应用服务器协调运作，实现了不同服务之间的通信与整合。从功能上看，ESB 提供了事件驱动和文档导向的处理模式，以及分布式的运行管理机制，它支持基于内容的路由和过滤，具备复杂数据的传输能力，并可以提供一系列的标准接口。

ESB 提供了一种开放的、基于标准的消息机制，通过简单的标准适配器和接口，来完成粗粒度应用(服务)和其他组件之间的互操作，能够满足大型异构企业环境的集成需求，它可以在不改变现有基础结构的情况下让几代技术实现互操作。

通过使用 ESB，可以在几乎不更改代码的情况下，以一种无缝的非侵入方式使企业已有的系统具有全新的服务接口，并能够在部署环境中支持任何标准。更重要的是，充当"缓冲器"的 ESB(负责在诸多服务之间转换业务逻辑和数据格式)与服务逻辑相分离，从而使得不同的应用程序可以同时使用同一服务，用不着在应用程序或者数据发生变化时，改动服务代码。

(2) ESB 安全服务

提供安全认证，授权管理方面的业务/机制服务。

(3) ESB 配置服务

为异构数据的数据建模、业务组件建模、服务接入配置、业务流程配置提供支持服务。

例如：为某类设备的监控数据建立数据模型，使之能够被持久化到系统数据库中；为处理某类设备监控数据的数据清洗组件提供接口标准，使之能够加入到本系统的处理流程中；编辑 ESB 接入配置，从而使某个外部提供的服务接入本系统。

（4）ESB 管理服务

提供 ESB 的服务部署，性能分析及调优服务；监控服务/消息运行数据；系统日志管理等。

6.3.8 配套及辅助服务

配套及辅助服务，属于预拌混凝土企业的经营管理业务范畴，主要包含人员管理、车辆管理、客户关系管理、合同管理、生产管理、原材料及库存管理、搅拌楼现场管理、混凝土质量管理等相关业务。在整个决策支持系统的框架下，业务调度服务通过配套及辅助服务提供的交互界面，与决策者互动，为决策者提供相关结果，并接受决策者的实时输入。

6.4 本章小结

本系统以混凝土企业为目标用户，对混凝土从生产到运输的相关业务，以及企业拥有的车辆、搅拌站等设备的维修维护的相关业务进行管理。系统根据混凝土罐车调度的特点，在此基础上提出基于模型库、数据仓库、地理位置信息库的混凝土罐车调度决策支持系统总体架构，该系统基于面向服务的架构，通过企业服务总线集成起来，使用一个统一的 Portal 将系统功能展现给决策者。该系统通过实时监控系统内各调度元素的状态，并通过联机分析处理与数据挖掘技术为决策者提供更为符合实际需求的混凝土罐车的静态调度计划以及重调度方案和维修计划。

第7章 结 论

　　本书主要研究与预拌混凝土信息化密切相关的混凝土罐车调度问题，罐车车队维修保养问题，以及预拌混凝土罐车调度及搅拌站管理的决策支持系统。预拌混凝土罐车调度属于一类特殊的物流配送问题，因此罐车调度不同于传统的车辆路径/排程问题，但在研究过程中可以借鉴已有的车辆调度问题的技术或方法。本书研究了时间依赖型混凝土罐车调度问题，以及随机旅行时间的混凝土罐车调度问题，并结合客户需求的动态变化提出一种预拌混凝土罐车重调度策略。本书还研究了由罐车车队组成的独立多设备系统的预防性维修策略，并在以上研究的基础上设计了以混凝土罐车调度和管理为核心的混凝土企业决策支持系统。

　　本书的相关结论归纳如下。

　　混凝土的易逝性决定了预拌混凝土罐车调度问题与交通拥堵状况密切相关，在分析了预拌混凝土罐车调度问题特点以及研究现状之后，将运输时间的时间依赖性引入预拌混凝土罐车调度问题中。构建了基于网络流模型的预拌混凝土罐车时间依赖型混合整数规划模型，并采用一种启发式邻域搜索算法对问题实例优化求解，结果表明所采用的算法能使混凝土罐车调度过程中有效避免交通拥堵，节省运行成本。

　　为了更加真实地描述预拌混凝土罐车调度问题，在时间依赖型混凝土罐车调度模型的基础上，进一步考虑运输时间的随机性，将混凝土罐车的运输时间建立为随机时间依赖模型。书中将运输时间的这种随机性描述为分时间段的不同参数的负指数分布形式，构建了混凝土罐车调度的机会规划模型。根据模型的特点设计了结合神经元网络、启发式规则的混合遗传算法对问题实例优化求解。通过结果的分析，可以看到置信度 β 对结果的影响，以及算法针对运输时间随机的混凝土罐车调度问题的有效性。

　　预拌混凝土罐车的调度环境包含运输时间的不确定性、客户需求时间和需求量的不确定性、动态出现的新客户需求、罐车故障、搅拌站故障、泵车故障、天气变化等动态因素。其中客户需求的动态调整，对罐车的调度造成很大的影响，首先根据客户动态需求量、动态需求时间、动态需求提出时刻等因素确定客户动态需求的动态性水平，依据计算得到的动态性水平确定在哪个时刻，采用哪种重调度方法响应客户的动态需求。为及时响应客户的动态需求，设计了一种快速调度算法来满足随时到来的客户动态需求。通过实例结果的分析，表明研究中给出的混凝土罐车重调度策略可以有效地解决客户需求动态性问题。

混凝土罐车车队所组成的系统属于独立多设备系统的范畴，独立多设备系统的维护维修与生产需求密切相关。在分析独立多设备系统特点以及维修模式的基础上，结合生产需求提出了基于最佳预防性维修间隔、最大预防性维修可提前期和预防性维修最大可推后期三个阈值的混凝土罐车车队预防性维修策略。采用遗传算法对问题实例进行优化求解，通过对结果的分析可以看到提出的三阈值预防性维修策略可有效协调混凝土罐车车队中多辆罐车进行预防性维修的时刻，使运输需求尽可能得到满足。

预拌混凝土企业的信息化建设程度对企业的市场竞争力有深远的影响。根据混凝土企业生产、运输、经营等多个业务流程特点，以混凝土罐车调度和设备维护维修为切入点，设计了结合实时监控的混凝土企业决策支持系统。该系统采用基于模型库、数据仓库和地理位置信息库的模式，设计为面向服务的架构，通过企业服务总线将系统功能组件集成起来，使用一个统一的 Portal 将系统功能展现给决策者。该系统可以通过实时监控系统内各调度元素的状态，并通过联机分析处理与数据挖掘技术为决策者提供更为符合实际需求的混凝土罐车的静态调度计划以及重调度方案和维修计划。

参考文献

[1] 赵峰, 王要武, 全玲, 等. 2023 年我国建筑业发展统计分析[J] 建筑, 2024(3): 54-63.

[2] 国家统计局. 2023 年建筑业企业生产情况统计快报[R]. 2024.

[3] TOMMELEIN I D, ANNIE E. Just-in-time concrete delivery: mapping alternatives for vertical supply chain integration[C]// Proceedings of the 7th Annual Conference of the International Group for Lean Construction, IGLC-7, Berkely, CA, 1999: 97-108.

[4] HOFFMAN K, DURBIN M. The dance of the thirty ton trucks[J]. Operations research, 2008, 56(1): 3-19.

[5] FENG C W, WU H T. Integrating fmGA and CYCLONE to optimize the schedule of dispatching RMC trucks[J]. Automation in Construction, 2006, 15(2): 186-199.

[6] LU M, LAM H C. Optimized concrete delivery scheduling using combined simulation and genetic algorithms[C]// Proceedings of the 37th Conference on Winter Simulation, the Winter Simulation Conference, 2005: 2572-2580.

[7] SCHMID V, DOERNER K F, HARTL R F, et al. A hybrid solution approach for ready-mixed concrete delivery[J]. Transportation Science, 2009, 43(1): 559-574.

[8] MISIR M, VANCROONENBURG W, VERBEEEK K. A selection hyper-heuristic for scheduling deliveries of ready-mixed concrete[C]// The IX Metaheuristics International Conference, 2011.

[9] LIN W D, LEE W L, LIM G Y. A 2-Phase metaheuristic approach for time-sensitive manufacturing and transportation execution system[J]. SRT, 2003.

[10] PARK M, KIM W Y, LEE H S, et al. Supply chain management model for ready mixed concrete[J]. Automation in Construction, 2011, 20(1): 44-55.

［11］DANTZIG G B，RAMSER J H. The truck dispatching problem ［J］. Management Science，1959，6(1)：80-91.

［12］FUKASAWA R，LONGO H，LYSGAARD J，et al. Robust branch-and-cut-and- price for the capacitated vehicle routing problem ［J］. Mathematical Programming，2006，106(3)：491-511.

［13］TOTH P，VIGO D. Models，relaxations and exact approaches for the capacitated vehicle routing problem［J］. Discrete Applied Mathematics，2002，123(1)：487-512.

［14］BREDSTRÖM D，RÖNNQVIST M. Combined vehicle routing and scheduling with temporal precedence and synchronization constraints ［J］. European Journal of Operational Research，2008，191(1)：19-31.

［15］GENDREAU M，LAPORTE G，MUSARAGANYI C，et al. A tabu search heuristic for the heterogeneous fleet vehicle routing problem［J］. Computers and Operations Research，1999，26(12)：1153-1173.

［16］CHOI E，TCHA D W. A column generation approach to the heterogeneous fleet vehicle routing problem［J］. Computers and Operations Research，2007，34 (7)：2080-2095.

［17］KALLEHAUGE B，LARSEN J，MADSEN O B G，et al. Vehicle routing problem with time windows［M］. Springer US，2005.

［18］BARÁN B，SCHAERER M. A Multiobjective Ant Colony System for Vehicle Routing Problem with Time Windows ［C］// Applied Informatics，2003：97-102.

［19］DESROCHERS M，DESROSIERS J，SOLOMON M. A new optimization algorithm for the vehicle routing problem with time windows［J］. Operations Research，1992，40(2)：342-354.

［20］SCHNEIDER M，STENGER A，GOEKE D. The electric vehicle-routing problem with time windows and recharging stations ［J］. Transportation Science，2014，48(4)：500-520.

［21］MICHALLET J，PRINS C，AMODEO L，et al. Multi-start iterated local search for the periodic vehicle routing problem with time windows and time spread constraints on services［J］. Computers and Operations Research，2014，41

（1）: 196-207.

[22] JABALI O, REI W, GENDREAU M, et al. Partial-route inequalities for the multi-vehicle routing problem with stochastic demands[J]. Discrete Applied Mathematics, 2014, 177(1): 121-136.

[23] MARINAKIS Y, IORDANIDOU G R, MARINAKI M. Particle swarm optimization for the vehicle routing problem with stochastic demands [J]. Applied Soft Computing, 2013, 13(4): 1693-1704.

[24] LEE C, LEE K, PARK S. Robust vehicle routing problem with deadlines and travel time/demand uncertainty [J]. Journal of the Operational Research Society, 2012, 63(9): 1294-1306.

[25] DABIA S, ROPKE S, VAN WOENSEL T, et al. Branch and price for the time-dependent vehicle routing problem with time windows[J]. Transportation Science, 2013, 47(3): 380-396.

[26] BALSEIRO S R, LOISEAU I, RAMONET J. An ant colony algorithm hybridized with insertion heuristics for the time dependent vehicle routing problem with time windows[J]. Computers and Operations Research, 2011, 38(6): 954-966.

[27] 陆琳. 不确定信息车辆路径问题及其算法研究[D]. 南京：南京航空航天大学, 2007.

[28] PILLAC V, GENDREAU M, GUÉRET C, et al. A review of dynamic vehicle routing problems[J]. European Journal of Operational Research, 2013, 225(1): 1-11.

[29] TAŞ D, DELLAERT N, VAN WOENSEL T, et al. Vehicle routing problem with stochastic travel times including soft time windows and service costs[J]. Computers and Operations Research, 2013, 40(1): 214-224.

[30] 谢秉磊. 随机车辆路径问题研究[D]. 成都：西南交通大学, 2003.

[31] SIRBILADZE G, GHVABERIDZE B, MATSABERIDZE B. Bicriteria fuzzy vehicle routing problem for extreme environment[J]. Bulletin of the Georgian National Academy of Sciences, 2014, 8(2): 41-48.

[32] SIRBILADZE G, GHVABERIDZE B, MATSABERIDZE B. A new fuzzy model of the vehicle routing problem for extreme conditions [J]. Bulletin of the

Georgian National Academy of Sciences, 2015, 9(2): 45-53.

[33] 张建勇. 模糊信息条件下车辆路径问题研究[D]. 成都：西南交通大学, 2004.

[34] PILLAC V, GENDREAU M, GUÉRET C, et al. A review of dynamic vehicle routing problems[J]. European Journal of Operational Research, 2013, 225 (1): 1-11.

[35] AZI N, GENDREAU M, POTVIN J Y. A dynamic vehicle routing problem with multiple delivery routes[J]. Annals of Operations Research, 2012, 199 (1): 103-112.

[36] ALBAREDA-SAMBOLA M, FERNÁNDEZ E, LAPORTE G. The dynamic multiperiod vehicle routing problem with probabilistic information [J]. Computers and Operations Research, 2014, 48: 31-39.

[37] FENG C W, CHENG T M, WU H T. Optimizing the schedule of dispatching RMC trucks through genetic algorithms[J]. Automation in Construction, 2004, 13(3): 327-340.

[38] FENG C W, WU H T. Integrating fmGA and CYCLONE to optimize the schedule of dispatching RMC trucks[J]. Automation in Construction, 2006, 15(2): 186-199.

[39] LU M, LAM H C. Optimized concrete delivery scheduling using combined simulation and genetic algorithms[C]. Proceedings of the 37th conference on Winter simulation, 2005: 2572-2580.

[40] NASO D, SURICO M, TURCHIANO B. Reactive scheduling of a distributed network for the supply of perishable products [J]. IEEE Transactions on Automation Science and Engineering, 2007, 4(3): 407-423.

[41] SCHMID V, DOERNER K F, HARTL R F, et al. A hybrid solution approach for ready-mixed concrete delivery[J]. Transportation Science, 2009, 43(1): 559-574.

[42] ASBACH L, DORNDORF U. Analysis, modeling and solution of the concrete delivery problem[J]. European Journal of Operational Research, 2009, 193 (3): 347-368.

[43] MATSATSINIS N F. Towards a decision support system for the ready concrete

distribution system: A case of a Greek company[J]. European Journal of Operational Research, 2004, 152(2): 487-499.

[44] YAN S, LAI W S. An optimal scheduling model for ready mixed concrete supply with overtime considerations[J]. Automation in Construction, 2007, 16(6): 734-744.

[45] YAN S, LIN H C. A planning model with a solution algorithm for ready mixed concrete production and truck dispatching under stochastic travel times[J]. Engineering Optimization, 2012, 44(4): 427-447.

[46] YAN S, LIN H, LIU Y. Optimal schedule adjustments for supplying ready mixed concrete following incidents[J]. Automation in Construction, 2011, 20(8): 1041-1050.

[47] YAN S, LAI W, CHEN M. Production scheduling and truck dispatching of ready mixed concrete[J]. Transportation Research Part E: Logistics and Transportation Review, 2008, 44(1): 164-179.

[48] LIN P, WANG J, HUANG S. Dispatching ready mixed concrete trucks under demand postponement and weight limit regulation[J]. Automation in Construction, 2010, 19(6): 798-807.

[49] SCHMID V, DOERNER K F, HARTL R F, et al. Hybridization of very large neighborhood search for ready-mixed concrete delivery problems[J]. Computers and Operations Research, 2010, 37(3): 559-574.

[50] FARIA J M, SILVA C A, SOUSA J, et al. Distributed optimization using ant colony optimization in a concrete delivery supply chain[C]. Proceedings of the 2006 IEEE Congress on Evolutionary Computation (CEC 2006), IEEE, 2006: 73-80.

[51] KOK A L, HANS E W, SCHUTTEN J M J. Vehicle routing under time-dependent travel times: the impact of congestion avoidance[J]. Computers and Operations Research, 2012, 39(5): 910-918.

[52] LIU Z, ZHANG Y, Li M. Integrated scheduling of ready-mixed concrete production and delivery[J]. Automation in Construction, 2014, 48: 31-43.

[53] LU M, SHEN X, LAM H, et al. Real-time monitoring of ready-mixed concrete delivery with an integrated navigation system[J]. Journal of Global Positioning

Systems, 2006, 5(1-2): 105-109.

[54] MIN W, PHENG L S. EOQ, JIT and fixed costs in the ready-mixed concrete industry[J]. International Journal of Production Economics, 2006, 102(1): 167-180.

[55] WANG S. Scheduling the truckmixer arrival for a ready mixed concrete pour via simulation with Risk[J]. Journal of Construction Research, 2001, 2(2): 169-179.

[56] PAYR F, SCHMID V. Optimizing deliveries of ready-mixed concrete[C]. Proceedings of the 2nd International Conference on Logistics and Industrial Informatics (LINDI 2009), IEEE, 2009: 1-6.

[57] LU M, LAM H C. Simulation-optimization integrated approach to planning ready mixed concrete production and delivery: Validation and applications [C]. Proceedings of the 2009 Winter Simulation Conference (WSC), IEEE, 2009: 2593-2604.

[58] LIU P, WANG L, DING X, et al. Scheduling of dispatching ready mixed concrete trucks through discrete particle swarm optimization[C]. Proceedings of the IEEE International Conference on Systems, Man, and Cybernetics (SMC), 2010: 4086-4090.

[59] DARREN GRAHAM L, SMITH S D, DUNLOP P. Lognormal distribution provides an optimum representation of the concrete delivery and placement process[J]. Journal of Construction Engineering and Management, 2005, 131 (2): 230-238.

[60] DUNLOP P, SMITH S. Estimating key characteristics of the concrete delivery and placement process using linear regression analysis[J]. Civil Engineering and Environmental Systems, 2003, 20(4): 273-290.

[61] DURBIN M. The dance of the thirty-ton trucks: Demand dispatching in a dynamic environment[D]. Fairfax: George Mason University, 2003.

[62] DURBIN M, HOFFMAN K. OR Practice-The Dance of the Thirty-Ton Trucks: Dispatching and Scheduling in a Dynamic Environment [J]. Operations Research, 2008, 56(1): 3-19.

[63] NASO D, SURICO M, TURCHIANO B, et al. Genetic algorithms for supply-

chain scheduling: A case study in the distribution of ready-mixed concrete[J]. European Journal of Operational Research, 2007, 177(3): 2069-2099.

[64] SKABARDONIS A, VARAIYA P, PETTY K. Measuring recurrent and nonrecurrent traffic congestion[J]. Transportation Research Record: Journal of the Transportation Research Board, 2003, 1856: 118-124.

[65] KOK A L, HANS E W, SCHUTTEN J M J. Vehicle routing under time-dependent travel times: the impact of congestion avoidance[J]. Computers and Operations Research, 2012, 39(5): 910-918.

[66] ICHOUA S, GENDREAU M, POTVIN J Y. Vehicle dispatching with time-dependent travel times[J]. European Journal of Operational Research, 2003, 144(2): 379-396.

[67] HAGHANI A, JUNG S. A dynamic vehicle routing problem with time-dependent travel times[J]. Computers and Operations Research, 2005, 32 (11): 2959-2986.

[68] HILL A V, BENTON W C. Modelling intra-city time-dependent travel speeds for vehicle scheduling problems[J]. Journal of the Operational Research Society, 1992, 43(4): 343-351.

[69] LECLUYSE C, VAN WOENSEL T, PEREMANS H. Vehicle routing with stochastic time-dependent travel times[J]. 4OR, 2009, 7(4): 363-377.

[70] 顾雷, 席裕庚. 一种并行多目标遗传邻域搜索算法[J]. 控制工程, 2009, 16(6): 738-742.

[71] 潘全科, 王文宏, 朱剑英, 等. 基于粒子群优化和变邻域搜索的混合调度算法[J]. 计算机集成制造系统, 2007, 13(2): 323-328.

[72] BERTSIMAS D J, VAN RYZIN G. A stochastic and dynamic vehicle routing problem in the Euclidean plane[J]. Operations Research, 1991, 39(4): 601-615.

[73] BENT R W, VAN HENTENRYCK P. Scenario-based planning for partially dynamic vehicle routing with stochastic customers[J]. Operations Research, 2004, 52(6): 977-987.

[74] GENDREAU M, POTVIN J Y. Dynamic vehicle routing and dispatching[M]. Berlin: Springer, 1998.

[75] LI J Q, MIRCHANDANI P B, BORENSTEIN D. The vehicle rescheduling problem: Model and algorithms[J]. Networks, 2007, 50(3): 211-229.

[76] 侯文瑞, 蒋祖华, 金玉兰. 基于可靠度的多设备混联系统机会维护模型 [J]. 上海交通大学学报, 2009(4): 658-662.

[77] 蔡景, 左洪福, 王建华. 多部件系统的预防性维修优化模型研究[J]. 系统工程理论与实践, 2007, 27(2): 133-138.

[78] 杨元, 黎放, 侯重远, 等. 基于相关性的多部件系统机会成组维修优化 [J]. 计算机集成制造系统, 2012, 18(4): 827-832.

[79] THOMAS L C. A survey of maintenance and replacement models for maintainability and reliability of multi-item systems [J]. Reliability Engineering, 1986, 16(4): 297-309.

[80] DEKKER R, ROELVINK I F K. Marginal cost criteria for preventive replacement of a group of components[J]. European Journal of Operational Research, 1995, 84(2): 467-480.

[81] PAPADAKIS I S, KLEINDORFER P R. Optimizing infrastructure network maintenance when benefits are interdependent[J]. OR Spectrum, 2005, 27 (1): 63-84.

[82] CASTANIER B, GRALL A, BÉRENGUER C. A condition-based maintenance policy with non-periodic inspections for a two-unit series system[J]. Reliability Engineering and System Safety, 2005, 87(1): 109-120.

[83] BUDAI-BALKE G, DEKKER R, NICOLAI R P. Complex system maintenance hlandbook[M]. Berlin: Springer, 2008.

[84] SASIENI M W. A Markov chain process in industrial replacement[J]. OR, 1956, 7(4): 148-155.

[85] DEKKER R, SCARF P A. On the impact of optimisation models in maintenance decision making: the state of the art[J]. Reliability Engineering and System Safety, 1998, 60(2): 111-119.

[86] WANG L, CHU J, MAO W. A condition-based replacement and spare provisioning policy for deteriorating systems with uncertain deterioration to failure[J]. European Journal of Operational Research, 2009, 194(1): 184-205.

[87] CHO D I, PARLAR M. A survey of maintenance models for multi-unit systems [J]. European Journal of Operational Research, 1991, 51(1): 1-23.

[88] SHEU S H, LIOU C T. Optimal replacement of a k-out-of-n system subject to shocks[J]. Microelectronics Reliability, 1992, 32(5): 649-655.

[89] SCARF P A, DEARA M. On the development and application of maintenance policies for a two-component system with failure dependence[J]. IMA Journal of Management Mathematics, 1998, 9(2): 91-107.

[90] SATOW T, OSAKI S. Optimal replacement policies for a two-unit system with shock damage interaction[J]. Computers and Mathematics with Applications, 2003, 46(7): 1129-1138.

[91] ZEQUEIRA R I, BéRENGUER C. On the inspection policy of a two-component parallel system with failure interaction[J]. Reliability Engineering and System Safety, 2005, 88(1): 99-107.

[92] SMITH M A J, DEKKER R. Preventive maintenance in a 1 out of n system: The uptime, downtime and costs [J]. European Journal of Operational Research, 1997, 99(3): 565-583.

[93] ZHONG C, JIN H. A novel optimal preventive maintenance policy for a cold standby system based on semi-Markov theory [J]. European Journal of Operational Research, 2014, 232(2): 405-411.

[94] PHAM H, WANG H. Optimal (τ, T) opportunistic maintenance of ak-out-of-n: G system with imperfect PM and partial failure [J]. Naval Research Logistics (NRL), 2000, 47(3): 223-239.

[95] POPOVA E, WILSON J G. Group replacement policies for parallel systems whose components have phase distributed failure times [J]. Annals of Operations Research, 1999, 91(0): 163-198.

[96] TIAN Z, LIAO H. Condition based maintenance optimization for multi-component systems using proportional hazards model [J]. Reliability Engineering and System Safety, 2011, 96(5): 581-589.

[97] NOURELFATH M, CHâTELET E. Integrating production, inventory and maintenance planning for a parallel system with dependent components[J]. Reliability Engineering and System Safety, 2012, 101(0): 59-66.

[98] KOOCHAKI J, BOKHORST J A C, Wortmann H, et al. Condition based maintenance in the context of opportunistic maintenance [J]. International Journal of Production Research, 2012, 50(23): 6918-6929.

[99] QI X, ZHANG Z, ZUO D, et al. Optimal maintenance policy for high reliability load-sharing computer systems with k-out-of-n: G redundant structure[J]. 2014, 8(1L): 341-347.

[100] SPENGLER T, PüCHERT H, PENKUHN T, et al. Environmental integrated production and recycling management [J]. European Journal of Operational Research, 1997, 97(2): 308-326.

[101] GRIGORIEV A, VAN DE KLUNDERT J, SPIEKSMA F C R. Modeling and solving the periodic maintenance problem [J]. European Journal of Operational Research, 2006, 172(3): 783-797.

[102] LANGDON W B, TRELEAVEN P C. Scheduling maintenance of electrical power transmission networks using genetic programming [J]. IEE Power Series, 1997: 220-237.

[103] 高洪深. 决策支持系统 (DSS)理论·方法·案例[M]. 北京: 清华大学出版社有限公司, 2005.

[104] GORRY G A, MORTON M S S. A framework for management information systems[J]. MIT Sloan Management Review, 1989, 30(3): 49.

[105] 曹晓静, 张航. 决策支持系统的发展及其关键技术分析[J]. 计算机技术与发展, 2006, 16(11): 94-96.

[106] KEEN P G W. MIS research: Reference disciplines and a cumulative tradition[J]. Internationa conference on interaction sciences, 1980: 9-18.

[107] SPRAGUE JR R H. A framework for the development of decision support systems[J]. MIS Quarterly, 1980: 1-26.

[108] GOTTINGER H W, WEIMANN P. Intelligent decision support systems[J]. Decision Support Systems, 1992, 8(4): 317-332.

[109] LIU S, DUFFY A H B, WHITFIELD R I, et al. Integration of decision support systems to improve decision support performance[J]. Knowledge and Information Systems, 2009, 22(3): 261-286.

[110] SŁOWIŃSKI R. Intelligent decision support: handbook of applications and

advances of the rough sets theory［M］. Dordrecht：Kluwer Academic Publishers，1992.

［111］ZHOU X，SUN J，WANG S. Research and application of an intelligent decision support system［C］. Proceedings of the 21st International Conference on Industrial Engineering and Engineering Management 2014. Atlantis Press，2015：445-447.

［112］MAYER I，DE JONG M. Combining GDSS and gaming for decision support ［J］. Group Decision and Negotiation，2004，13（3）：223-241.

［113］左爱群，杜波. 数据仓库技术研究及其在银行的应用［J］. 武汉工业学院学报，2006，25（1）：15-18.

［114］CUZZOCREA A，FURFARO F，SACCà D. Enabling OLAP in mobile environments via intelligent data cube compression techniques［J］. Journal of Intelligent Information Systems，2009，33（2）：95-143.

［115］杨光，张雷. 数据仓库及联机分析处理技术［J］. 计算机工程与科学，2000，22（1）：39-42.

［116］TANABE L. The genomic data mine［J］. Medical informatics：knowledge management and data mining in biomedicine，2005：547-571.

［117］尹松，周永权. 基于联机分析处理的数据仓库分析［J］. 广西科学院学报，2004，20（4）：243-246.

［118］陈文伟，黄金才. 决策支持系统新结构体系［J］. 管理科学学报，1998，1（3）：54-58.

［119］陈文伟. 决策支持系统及其开发［M］. 北京：清华大学出版社，2000.

［120］陈文伟，陆飙，杨桂聪. GF KD-DSS 决策支持系统开发工具［J］. 计算机学报，1991，14（4）：241-248.

［121］徐龙琴，刘双印. 基于数据仓库和数据挖掘的高校决策支持系统的探索［J］. 佳木斯大学学报：自然科学版，2005，23（1）：59-63.

［122］曾雨. 基于 GIS 的闽江流域水污染事故预警应急系统研究［D］. 福州：福建师范大学，2008.

［123］迟殿委. 基于数据挖掘的决策支持系统的研究与实现［D］. 南昌：南昌大学，2008.

［124］周霞，申龙斌，孙旭东，等. 油田勘探井位部署决策支持系统应用［J］.

勘探地球物理进展, 2009, 32(4): 299-303.

[125] 于宁, 王行言, 罗念龙. 高校教学决策支持系统数据仓库的研究与实现 [J]. 计算机工程与设计, 2006, 27(20): 3853-3857.

[126] 李玉海, 张大斌, 吕少鹏. 基于数据仓库技术的电信市场决策支持系统探讨[J]. 计算机应用研究, 2005, 22(6): 80-82.

[127] CHOI K, JANG W. Development of a transit network from a street map database with spatial analysis and dynamic segmentation[J]. Transportation Research Part C: Emerging Technologies, 2000, 8(1): 129-146.

[128] YAN G, ZHOU Y, HUANG X. The application research of logistics network based on GIS[C]. In: Wireless, Mobile and Multimedia Networks, 2006 IET International Conference on. IET, 2006: 1-4.

[129] BRILEVSKI A. System of support logistics and transport control for routes in a distribution network [C]. In: IV International conference "Problems of cybernetics and informatics"(PCI2012). 2012: 178-182.

[130] FAULIN J, SAROBE P, SIMAL J. The DSS LOGDIS optimizes delivery routes for FRILAC's frozen products[J]. Interfaces, 2005, 35(3): 202-214.

[131] IıKLAR G, ALPTEKIN E, BüYüKöZKAN G. Application of a hybrid intelligent decision support model in logistics outsourcing[J]. Computers and Operations Research, 2007, 34(12): 3701-3714.

[132] 岳维好, 施昆, 黄艳华. 基于 GIS 的物流配送系统的设计与实现[J]. 云南地理环境研究, 2007, 19(3): 72-76.

[133] 付万, 王月, 朱元祥. 基于 GIS 的现代物流管理系统开发及其应用——以物资配送为例[J]. 物流科技, 2006, 29(1): 14-19.

[134] 郭建宏. 林副产品配送优化辅助决策模型及 GIS 集成研究[D]. 北京: 北京林业大学, 2008.

[135] 何红波, 熊桂林, 李义兵. 基于 Web Services 技术实现物流动态联盟[J]. 系统工程, 2005, 23(3): 51-54.

[136] 史亚蓉, 万迪昉, 李双燕, 等. 基于 GIS 的物流配送路线规划研究[J]. 系统工程理论与实践, 2009, 29(10): 76-84.

[137] 赵新泉, 彭勇行. 管理决策分析[M]. 北京: 科学出版社, 2000.

[138] 谢榕. 基于数据仓库的决策支持系统框架[J]. 系统工程理论与实践,

2000（4）：27-30.

［139］张晓明，刘萍，王鹏. 基于数据仓库的数据挖掘及联机分析技术［J］. 兵
工自动化，2008，27(9)：58-59.

［140］汤九斌. 基于数据挖掘技术的决策支持系统及其关键技术研究［D］. 南
京：南京理工大学，2009.